北京服装学院
BEIJING INSTITUTE
OF FASHION TECHNOLOGY

中国传统服饰艺术

数字化研究与实践

贾荣林　丁肇辰　陈大公　编著

國家藝術基金
CHINA NATIONAL ARTS FUND

国家艺术基金二〇二〇年度
艺术人才培养资助项目
（二〇二三年执行）

学苑出版社

图书在版编目（CIP）数据

中国传统服饰艺术数字化研究与实践 / 贾荣林, 丁
肇辰, 陈大公编著 . -- 北京 : 学苑出版社, 2024.1
ISBN 978-7-5077-6888-6

Ⅰ . ①中… Ⅱ . ①贾… ②丁… ③陈… Ⅲ . ①数字技
术－应用－服饰文化－研究－中国 Ⅳ . ① TS941.12-39

中国国家版本馆 CIP 数据核字 (2024) 第 038392 号

责任编辑：黄　佳
版式设计：李晓璐　张雯琪
出版发行：学苑出版社
社　　址：北京市丰台区南方庄 2 号院 1 号楼
邮政编码：100079
网　　址：www.book001.com
电子邮箱：xueyuanpress@163.com
联系电话：010-67601101（营销部）、010-67603091（总编室）
印 刷 厂：中煤（北京）印务有限公司
开本尺寸：710mm×1000mm 1/16
印　　张：12.75
版面字数：210 千
版　　次：2024 年 1 月第 1 版
印　　次：2024 年 1 月第 1 次印刷
定　　价：300.00 元

前言

　　中国传统服饰文化博大精深，中国更有衣冠王国的美誉。对传统服饰文化的保护、传承、创新是历史使命，也是面向未来的新探索，有利于中华民族优秀服饰文化的复兴，更利于当代中国时尚话语权的提升。经过几代学者的不懈努力，基于中国传统服饰的研究越发深入和完善，然而这些研究更多是从物质文化史的角度开展，数字化层面的传统服饰研究相对较少。我国已全面进入数字化高速发展期，"虚拟现实""增强现实""社交网络应用""人工智能""机器学习"等技术正在改变人们的生活方式，大大拓宽了大众对传统服饰文化的兴趣和认知。中国传统服饰的数字化研究和应用也亟待建立相关标准，需要培养和打造优秀人才，通过优质、高效、前沿的技术整合服务文化和产业一线。

　　北京服装学院贾荣林教授及其团队实施的国家艺术基金项目"中国传统服饰艺术数字化人才培养"正是在这一领域迈出的重要步伐。"中国传统服饰艺术数字化人才培养"项目聚焦培养具有未来视野的数字化服饰艺术研究人才，是国家艺术基金在中国传统服饰研究和数字化技术领域内的首个人才培养项目。项目集合国内优秀的师资力量，以理论教学、考察教学、设计创新教学、互动研讨教学等多种授课方式，通过系统的理论培训和专业技能辅导，使得学员们构筑了对于传统服饰数字化创作和学术研究方面更加全面的认知，圆满完成了项目预定的集中授课和阶段性课题创作任务。该项目实施正是融合着"数字影像技术""服饰和物质文化史""纺织服饰考古""服装艺术设计""非物质文化遗产保护"等多学科，在学科理论前沿和技术应用层面对纺织服饰文物活化与利用的有力探索和实践。

　　鉴于文化习俗、材质构成、流转过程、考古技术等原因，传统服饰，尤其是历史久远的纺织服饰文物，其数量和保存状况都不甚理想，特别是大多数出土纺织品由于受到埋藏影响，均有不同程度的损害发生，表现为褶皱、污损、残缺、霉变、褪色、脆化等，如不及时加以保护，文物本体会遭到进一步损害。从文物保护角度看，数字化技术对传统服饰的保护和利用具有非常重要的作用。纺织服饰文物的数字化，是利用数字技术，为永续的文物保护研究夯实基础，是实现文化资源长久保存并发挥其软实力的重要基础性工作，也是"让文物活起来"的重要工作。

中国传统服饰艺术数字化，是对纺织服饰文物的系统化、信息化、专业化、精细化梳理。纺织文物数字化的根本目标就是要借助数字技术手段，建立翔实的数字化档案，实现文物本体信息数字化保全和保护，从而完成文物从物质形态向数字形态的转化，实现其从文物到文化资源的转化。形成资源后，可以为更为广泛的研究者、出版人、教育者、策展人、设计者、数据再创造者，在合理规则下，提供大显其能的基础。"中国传统服饰艺术数字化人才培养"项目正是基于这两方面基础要求，进一步培养和鼓励学员从不同维度，利用多元技术展开研究和实践，逐渐形成范式和标准，这对开展全面的中国传统服饰艺术数字化数据库建设具有重要的价值和意义。

北京服装学院自 1959 年成立至今，一直致力于深耕传统服饰文化的传承创新，集结国内相关科研院所、高校、博物馆、产业等领域的领军人才和专家，搭建起在服饰文化研究领域的学术高地。"中国传统服饰艺术数字化人才培养"项目依托北京服装学院专业优势，充分调动学界和业内专家力量，会聚全国数字和服饰领域的青年才俊，在专业的讲解和深入的交流中，成果丰硕。我们既可以见到沿服饰史主线系统对中国传统服饰的虚拟仿真与动态复原，也可以见到结合具体纺织考古发现的服饰数字化服饰复原，以及从古代图像资料中挖掘和再现传统服饰的探索，又包括构建传统服饰虚拟数字体验的实践，还有传统服饰的数字化创新设计应用。这些研究思路开阔、类型丰富，体现了人文艺术与科学技术的融通融合，很多研究思路和技术路线具有规范意义和模板价值。

本书作为"中国传统服饰艺术数字化人才培养"项目的成果汇总，充分展示了项目实施全过程。除了学员们的优秀作品，还囊括课程安排、授课团队阵容和授课内容要点信息、项目实施经验总结等内容，以期待给予社会和学界带来一些参照和思考。希望能够积极推进运用数字化等科技手段对中华优秀传统文化成果进行创造性转化和创新性发展，为推动中华优秀传统文化在国际范围内广泛传播助力。

中国传统服饰艺术数字化人才项目组

2022 年 12 月 12 日

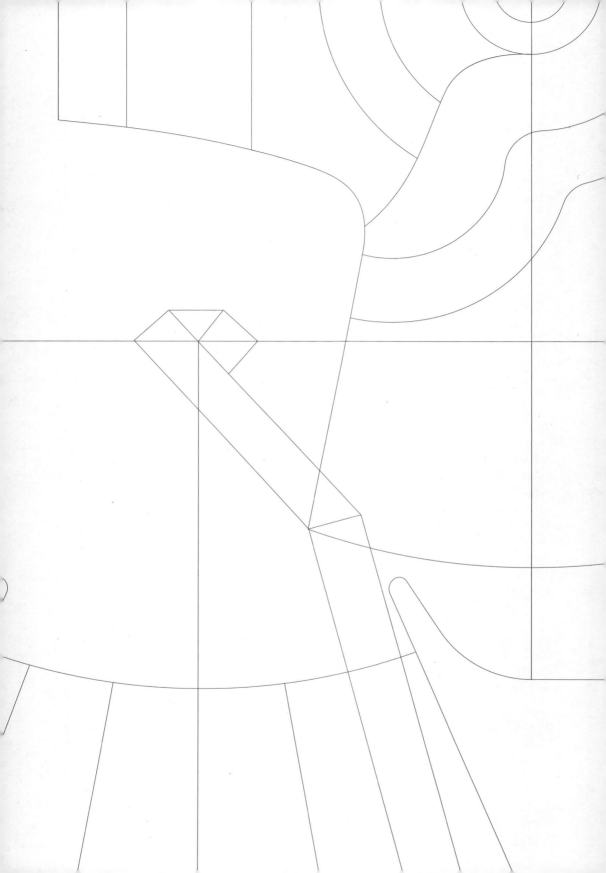

目录

"中国传统服饰艺术数字化人才培养"项目始末

项目概况

项目介绍

　　"中国传统服饰艺术数字化人才培养"项目，运用数字化等科技手段对中华优秀传统文化成果进行创造性转化和创新性发展，以培养具有未来视野的数字化服饰艺术研究人才为目标，通过对传统服饰文化脉络进行科学、系统的梳理，探索建立多元化研究构架，为数字化人才培养建立完整的中华传统服饰文化理论体系，提升专业人员对传统服饰文化系统认知，对推进文化建设、增强文化自信、提升国家软实力有积极的促进作用，助力中华优秀传统文化在国际范围内广泛传播和"一带一路"文化交流。

　　"中国传统服饰艺术数字化人才培养"项目培训内容涵盖传统服饰文化知识建构、传统服饰数据测量与分析、科学标准研究与方法、数字传播等课程，以先进的文化理念及数字科技技术为社会培养具有创新精神和专业素养的高端人才。项目的课程设置融合了贯通古今中华文化体系、站在数字技术与艺术的前沿来探索传承与创新的方法和手段，从而助力中国文化自信的树立和表达。

承办单位

　　项目承办单位北京服装学院（以下简称"北服"）是全国唯一一所以服装命名、艺工融合发展的公办普通高校。学校设"中国传统服饰文化的抢救传承与设计创新"国家特殊需求博士项目，多个国家级特色专业建设点、国家级实验教学示范中心、国家级人才培养模式创新实验区，以及北京市重点建设学科。学校承担国家、省部级及各类科研项目近千项，其中，"中华民族服饰文化研究"项目获批 2018 年度国家社科基金艺术学重大项目。学校建有全国"十佳"博物馆——民族服饰博物馆，藏有中国各民族服饰、织物、蜡染、刺绣等万余件，为弘扬中华优秀传统文化积极献力；北京市服装产业数字化工程技术研究中心以服装数字化为核心，结合新材料、新制造、人工智能等领域研究，为北京"四个中心"建设及高精尖经济格局产业发展贡献力量；服饰时尚设计产业创新园是北京市政府与北服共建的中关村科学城签约项目，为推动北服产学研一体化、中关村科技园区自主创新能力和时尚创意产业发展献力。鲜明的办学特色和独特的办学优势，促进了中华民族文化的复兴、传承和传播，引领了社会的生活时尚，为我国服装、设计、时尚和文化创意人才培养和产业发展做出了突出贡献。

项目团队成员

贾荣林

教授 博士生导师

北京服装学院校长，中国服饰文化研究院副院长，艺术设计学科带头人、入选北京市属高校"长城学者"培养计划。主要研究方向为中国传统服饰文化与设计创新。

丁肇辰

教授 博士生导师

北京服装学院新媒体系主任，英国皇家艺术学会会士，意大利米兰理工大学全球学者，北京市朝阳区凤凰教育领军人才，中国通信学会移动媒体与文化计算委员会委员。

陈大公

副教授 硕士生导师

北京服装学院时尚传播学院副院长，2008 年德国设计红点奖获得者。

董冬

副教授 硕士生导师

北京服装学院时尚传播学院系主任。

李煌

副教授 硕士生导师

北京服装学院艺术设计学院视觉传达系副主任。

邓翔鹏

副教授 硕士生导师

北京服装学院时尚传播学院时尚传播系副主任，中国服装设计师协会学术委员会委员，中国包装联合会设计委员会全国委员。

项目组学生团队

岳冉

北京服装学院 博士生
负责项目统筹执行

刘愿

北京服装学院 博士生
负责项目内容编辑与出版

刘川渤

北京服装学院 博士生
负责项目内容组织及申报

李昕

北京服装学院 博士生
负责项目内容组织及申报

孙传晔

北京服装学院 硕士生
负责课程宣传设计

李晓璐

北京服装学院 硕士生
负责课程记录版式设计

宣珂心

北京服装学院 硕士生
负责课程网站及公众号编辑

张雯琪

北京服装学院 硕士生
负责课程记录版式设计

项目学员介绍

刘凯旋
西安工程大学
服装与设计学院副院长 教授 双博士

孔凡栋
浙江理工大学
服装学院副教授

齐欢
山西传媒学院
艺术设计学院副院长

赵晓丹
云冈研究院
科员

曹翀
北京航空航天大学
新媒体艺术与设计学院教授

魏娜
青岛大学
纺织服装学院艺术学学科秘书

夏飞
云南艺术学院
动画与数字媒体艺术系教师 博士

吴江
西藏职业技术学院
教师

王艳晖
广西师范大学
教研室主任 博士

信晓瑜
新疆大学
纺织与服装学院副教授

张居悦

理县囍悦藏织羌族绣合作社
理事长

靳伟

南京特殊教育师范学院
讲师

徐娜

燕京理工学院
艺术学院副教授

王竹君

安徽工程大学
纺织服装学院系系主任

刘远洋

北京艺术博物馆
副研究馆员

袁燕

福州大学
服装系主任

周莉

西南大学
服装系统工程科技创新中心主任

于晓洋

北京服装学院
教师

方晴

深圳市善思品牌设计有限公司
设计合伙人 博士

张梦月

南京博奥文化科技有限公司
项目管理与执行

项目课程安排

国家艺术基金 2020 年度艺术人才培养资助项目
"中国传统服饰艺术数字化人才培养"项目授课计划

天数	日期	时间	授课教师	授课内容
1	7.18	9:00—10:00		开班仪式
		10:00—12:00	董瑞侠	学习习近平新时代文艺思想，做德艺双馨铸魂人
		14:00—17:00	陈 芳	明清之际的女子服饰时尚
		18:30—20:30	金 文	中国丝绸的皇冠——云锦
2	7.19	9:00—12:00	马 泉	媒介与叙事（认知、探索、实验、呈现）
		14:00—17:00	吴伟和	虚拟数字呈现形式与技术探讨
3	7.20	9:00—12:00	王亚蓉	中国纺织考古中的刺绣
		14:00—17:00	费 俊	文化遗产的数字化演绎
4	7.21	9:00—12:00	张宝华	流动的传统——中国传统文化在现代服饰设计中的转化
		14:00—17:00	贺 阳	传统服饰造物思想与当代创新设计探索
5	7.22	9:00—12:00	杨建军	中国传统天然染色工艺数据化研究
		14:00—17:00	冯 时	夏代文化常膻与上古旌旗制度
6	7.23	9:00—12:00	朱亚光	"中国古代服饰文化展"导览
		14:00—17:00	朱亚光	国家博物馆参观、学习、考察实践
7	7.24	9:00—12:00	宁 兵	参观考察
		14:00—17:00	宁 兵	参观考察
8	7.25	9:00—12:00	郑 岩	壁上岩画
		14:00—17:00	陈 芳	从潘金莲的服饰看晚明世风
9	7.26	9:00—12:00	黄海峤	服装艺术数字化孪生研究与应用
		14:00—17:00	米海鹏	实体交互与未来设计
10	7.27	9:00—12:00	尚 刚	隋唐服饰研究
		14:00—17:00	高丹丹	纺织考古视角下的中国传统服饰研究与数字化展示
11	7.28	9:00—12:00	付智勇	可持续的时尚预见
		14:00—17:00	李 栋	文博视觉设计与数字化
12	7.29	9:00—12:00	赵海英	智能时代下的传统文化数字化
		14:00—17:00	李迎军	极往知来
13	7.30	9:00—12:00	贺 阳	北京服装学院民族服饰博物馆参观考察
		14:00—17:00	贺 阳	北京服装学院民族服饰博物馆参观考察
14	7.31	9:00—12:00	宁 兵	时尚的数字镜像
		14:00—17:00	吴卓浩	AI 创造力
15	8.01	9:00—12:00	齐庆媛	宋辽金时期菩萨像服饰研究
		14:00—17:00	陈诗宇	古代服饰文化信息的采集与复原重现
16	8.02	9:00—12:00	张 烈	文化遗产数字化展示与传播研究
		14:00—17:00		北京艺术博物馆参观考察
		14:00—17:00	陈大公等	课程交流会

天数	日期	时间	授课教师	授课内容
17	8.03	9:00—12:00	马天羽	塑像与造像
		14:00—17:00	齐庆媛	研究方法与论文写作
18	8.04	9:00—12:00	严 勇	观摩明清服饰馆藏文物
		14:00—17:00	严 勇	清代宫廷服饰
19	8.05	9:00—12:00	蒋玉秋	传道重器明形鉴制—— 中国古代服饰复原研究与实践
		14:00—17:00	蒋玉秋	传道重器明形鉴制—— 中国古代服饰复原研究与实践
20	8.06	9:00—12:00	陶 君	参观法海寺壁画真迹
		14:00—17:00	陶 君	法海寺壁画的保护修复与活化
21	8.07	9:00—12:00		首都博物馆参观考察
		14:00—17:00		首都博物馆参观考察
22	8.08	9:00—12:00	张海涛	未来学与未来艺术学—— 太空、生物、机器人与元宇宙艺术
		14:00—17:00	李 煌	信息可视化方法在传统服饰研究中的应用
23	8.09	9:00—12:00	严 晨	用数字媒体设计未来
		14:00—17:00	韩静华	新媒体环境下的植物数字化与传播设计
		18:00—20:00	丁肇辰等	课程交流会
24	8.10	9:00—12:00	彭 锋	中国美学的特征
		14:00—17:00	刘元风	敦煌服饰文化研究渊源
25	8.11	9:00—12:00	崔 岩	敦煌石窟艺术
		14:00—17:00	崔 岩	敦煌石窟艺术
26	8.12	9:00—12:00	网易游戏团队	传统文化在《逆水寒》游戏中的再现和活化
		14:00—17:00		传统服饰文化在游戏中的应用和结合
		18:00—20:00	陈大公等	课程交流会
27	8.13	9:00—12:00	肖雁群	织物图案的数字化采集与再现
		14:00—17:00	董 冬	参观考察
28	8.14	9:00—12:00	丁肇辰	数字化设计实践课程辅导
		14:00—17:00	丁肇辰	数字化设计实践课程辅导
		18:00—20:00	熊红云	民族服饰文化信息设计
29	8.15	9:00—12:00	沈 阳	元宇宙发展研究报告 2.0 版
		14:00—17:00	季铁男	策展、设计、工程、技术、品牌—— 服饰设计数字化相关趋势
30	8.16	9:00—12:00	叶 风	数字媒体艺术体验与叙述设计
		14:00—17:00		腾讯公司参观考察
		18:00—20:00	丁肇辰等	课程交流会
31	8.17	9:00—12:00	刘 方	时尚、科技、艺术的跨界与融合
		14:00—17:00	孙一凡	新媒体短视频策划、运营与制作
32	8.18	9:00—12:00	许 平	设计转型时代的"设计赋形"问题漫谈
		14:00—17:00	李 军	故事为什么要有不同的讲法？—— 跨文化美术史漫谈
33	8.19	9:00—12:00	王树金	从出土文物纵观汉代服饰文化
		14:00—17:00	王树金	从出土文物纵观汉代服饰文化
34	8.20	9:00—12:00	兰 辉	时尚图形的数字动态语言表达
		14:00—17:00	熊红云	民族服饰文化信息设计
35	8.21	9:00—12:00		**集中授课结业典礼**

专家团队

（按授课先后排序）

专家	职称与职务
董瑞侠	北京服装学院教授
陈　芳	北京服装学院教授、博士研究生导师，中国文物学会纺织文物委员会理事，北京市美学学会理事，中国工艺美术学会理论委员会委员
金　文	中国工艺美术大师，人类非物质文化遗产、南京云锦木机妆花手工织造技艺国家级代表性传承人
马　泉	中国包装联合会设计委员会副秘书长、中国广告协会学术委员会委员、清华大学美术学院学术委员会委员
吴伟和	北京工业大学艺术设计学院教授
王亚蓉	中国社会科学院历史所高级工程师，纺织考古学家、中国织绣领域研究第一人
费　俊	中央美术学院设计学院教授、数码媒体工作室主任
张宝华	清华大学美术学院长聘教授、博士生导师，染织服装艺术设计系党支部书记、系副主任
贺　阳	北京服装学院教授，北京 2008 奥运会奥运制服及火炬手服装设计的总设计师
杨建军	清华美术学院副教授
冯　时	中国社会科学院学部委员，中国社会科学院研究生院教授、博士生导师
朱亚光	中国国家博物馆馆员

专家	职称与职务
宁　兵	北京服装学院艺术设计学院新媒体系副教授， 数字媒体艺术数字生活方式负责人
郑　岩	北京大学艺术学院艺术史系教授
黄海峤	北京服装学院副教授， 北京市服装产业数字化工程技术研究中心主任
米海鹏	清华大学美术学院副教授、博士生导师
尚　刚	清华大学美术学院教授、博士生导师， 清华大学美术学院学术委员会主任
高丹丹	民族服饰博物馆副研究员， 中国流行色协会色彩教育专业委员会委员
付志勇	清华大学美术学院信息艺术设计系党支部书记
李　栋	北京服装学院副教授
赵海英	北京邮电大学移动媒体与文化计算北京市重点实验室主任
李迎军	清华大学美术学院副教授、博士生导师
吴卓浩	跨界创新者，连续创业者，设计与科技教育者
马天羽	北京服装学院美术学院副院长、教授、硕士生导师
陈诗宇	史学者、《汉声》杂志高级编辑、影视服饰顾问

（续表）

专家	职称与职务
张　烈	清华大学美术学院教授、博士生导师
严　勇	故宫博物院学术委员会委员，故宫博物院服饰织绣研究所所长，北京市博物馆协会保管专业委员会副会长
崔　岩	北京服装学院敦煌服饰文化研究暨创新设计中心执行主任、副研究员
陶　君	北京法海寺文物保管所副所长
张海涛	策展人、艺术评论家、艺术档案网主编、鲁迅美术学院当代艺术系特聘教授、天津美术学院硕士生导师、北京服装学院客座教授
严　晨	北京印刷学院设计艺术学院副院长、教授、硕士生导师
韩静华	北京林业大学教师、系主任，全国高校艺术教育专家联盟主任委员
彭　锋	北京大学艺术学院院长、教授，中华美学会副会长，中国美术家协会理事，中国文艺评论家协会理事
刘元风	敦煌服饰文化研究暨创新设计中心主任
蒋玉秋	北京服装学院美术学院副院长、教授、博士生导师
张科锋	网易游戏美术工程师
黄晶晶	网易游戏角色设计专家
朱　力	网易游戏美术工程师
肖雁群	北京真彩圣影文化有限责任公司总经理

专家	职称与职务
沈　阳	清华大学新闻学院教授、博士生导师
季铁男	北京服装学院艺术设计学院客座教授
叶　风	北京电影学院数字媒体学院副院长， 中国民族文化影像传承研究中心副主任
岳　淼	腾讯集团市场与公关部副总经理， 腾讯集团社会研究中心主任
黄蓝枭	腾讯集团天美 L1 工作室总经理， 《王者荣耀》项目执行制作人
刘　方	锦鲤互动工作室创立人， 北京服装学院客座讲师
孙一凡	北京服装学院艺术设计学院副教授
许　平	中央美术学院研究生院院长、教授、博士生导师
熊红云	北京服装学院艺术设计学院新媒体系副教授、系副主任， 中国大学生计算机设计大赛资深专业评委
兰　辉	豆瓣网设计总监
王树金	深圳技术大学长聘教授
钱　竹	《中国服饰报》社总经理，《艺术与设计》杂志社社长兼总编辑
李红菲	《艺术与设计》杂志社副总编

项目实施过程

PROJECT
IMPLEMENTATION
PROCESS

　　为保障项目的顺利实施和圆满完成，北京服装学院"中国传统服饰艺术数字化人才培养"项目组高度重视项目实施质量，精心谋划课程方案，有效保证人才培养质量，集合国内最优师资条件，采取课堂教学、交流采风、数字化技术实践等灵活多样的培养方式。"中国传统服饰艺术数字化人才培养"项目的实施过程主要包含开班仪式、集中授课、学术考察、学术沙龙、学员反馈、结课仪式等环节，通过系统的理论培训和专业的技能辅导，使得受培训人员从理论素养、专业技能到实践操作得到大幅提升，圆满完成了预定的项目实施阶段任务。

开班仪式

　　2022年7月18日上午，北京服装学院承办的2020年度艺术人才培养资助项目——"中国传统服饰艺术数字化人才培养"在兰溪宾馆会议厅举行了开班仪式。项目负责人、北京服装学院校长贾荣林、北京服装学院副校长王小艺、中央美术学院设计学院院长宋协伟、中国传媒大学动画与数字艺术学院院长黄心渊、国家艺术基金管理中心监督处干部迟轶丹、北京服装学院时尚传播学院执行院长谢平、清华大学美术学院教授鲁闽以及北京服装学院王群山教授、董瑞侠教授、科技处副处长关键等专家学者以及来自全国各地的20位学员出席了开班仪式，仪式由北京服装学院丁肇辰教授主持。

　　项目负责人、北京服装学院贾荣林教授在讲话中谈道：中华服饰的研究从理论到设计都有深厚的理论体系和内容构架，值得从数字化的角度不断地挖掘和深化。本次项目是对中华优秀传统文化成果进行转化的一种创新性发展，是丰富传统文化基因的当代表达。对于更好地构筑中国价值和中国力量、推进国家数字文化战略、提高国家文化软实力，提升文化自信，具有重要意义。

北京服装学院副校长王小艺教授祝贺项目的顺利开展，他谈道：近年来国家十分重视数字化领域的发展。传统服饰是中华文化深沉的文化源泉和丰厚滋养，也是沟通中西方文化交流的纽带和桥梁。中国传统服饰艺术数字化人才培养项目审批立项实施对于推进我校传统服饰文化的传承与创新工作具有重要意义；对于推动具有服饰文化的传承与数字化创新能力的高层次人才培养具有重要意义。

北京服装学院时尚传播学院执行院长谢平教授提出，"中国传统服饰艺术数字化人才培养"项目的课程设置融会贯通古今中华文化体系、站在数字技术与艺术的前沿来探索传承与创新的方法和手段，从而助力中国文化自信的树立和表达。她还指出，该项目是国家艺术基金在中国传统服饰研究和数字化技术领域内的首个人才培养项目，项目的实施和成果对推动全球时尚教育发展有着十分重要的推动作用。

清华大学美术学院教授鲁闽赞同"科学建立中华民族服饰结构谱系"的重要性，提到目前传统服饰研究当中最重要但最缺失的就是科技观，建议中国传统服饰文化研究将数据和数字信息构建出数字化体系。

教师代表北京服装学院王群山教授谈道：以现代的、科技的数字技术传承传播中国传统文化，立足于当代的审美，服务于我们当下的生活方式，具有重要的意义。他期望通过项目培养出高精尖、具有文化滋养的、国家情怀的高层次人才。

学员代表、青年教师靳伟代表全体学员感谢国家艺术培养基金的资助和北京服装学院提供的优质平台资源，并表示将珍惜这来之不易的学习契机，在理论和实践方面全方位提高自身的学识文化素养，创作出具有传统与现代创新融合的作品。

授课总结

1.《学习习近平新时代文艺思想，做德艺双馨铸魂人》

作为开班第一课，董瑞侠教授从五个方面重点阐述了新时代创新精神与道德品质的内容：第一部分是"铸魂育人，责任神圣"。通过实际案例深入浅出地讲解了文艺思想在社会发展中的重大作用。国家要走向繁荣富强，中华民族要走向复兴，不仅需要强大的物质力量，而且需要强大的精神力量，而文化和文艺就是强大的精神力量。第二部分是"德艺双馨才能发展队伍"。习近平总书记在十九大报告中指出，要大力加强文艺队伍建设，造就一大批德艺双馨的名家大师。青年骨干要德艺双重发展才能走得更远。第三部分是"奉献祖国，服务人民"。强调培育和践行社会主义核心价值观。作为文化工作者，要牢固并树立社会主义核心价值观，其次还要通过文化创新将这种观念传递给全社会。第四部分，"深入实践，深入群众，坚持以人民为中心的创作导向"。在文学艺术方面，文化艺术只有创新才能够脱颖而出。创新是发展的基础，实践是灵感的源泉。艺术创作不可以"闭门造车"，要在实践中找灵感、找机遇。第五部分，"锐意创新，打造精品"。要坚持社会主义文艺发展道路，激发全民族文化创新创造活力，建设社会主义文化强国。

2.《明清之际的女子服饰时尚
——兼论物质文化研究的理论与方法》

陈芳教授以开阔的学术视野，用两个研究案例《明清女子头饰"卧兔儿"考释》和《明代女子服饰上的"对扣"研究》，对物质文化研究的方法论进行了生动的诠释。她谈道，中国做古代服饰研究面临着很多的机遇和挑战，研究不能仅仅停留在通史研究层面，服饰研究要纳入一个广阔的文化视野中。对中国古代服饰进行深入研究时，可以从物质文化研究的角度出发，结合个案研究的方法，并希望大家通过对物质文化研究方法的学习，能够在学术领域取得前瞻性的成果。

3.《中国丝绸的皇冠——云锦》

金文老师用生动幽默的方式，为学员讲述了云锦的传奇故事，展示了他复制的"琉球王龙袍"和"织金孔雀羽妆花纱龙袍料"等。云锦是珍贵的艺术品，是古老的织造艺术，需要被保护也更需要与时俱进、大胆创新。他做出了很多探索，尝试从文化的角度考量，将云锦变得更加时尚化、年轻化。为了迎合市场的需求，他在传统文化的基础上，大胆开发了更多的产品种类和创新型图案设计，提出"艺术品不能被局限于博物馆中，传承一定要面向未来、要建立在年轻人的喜爱基础之上、在民众中生根，只有产品被市场所接受，才能真正地创新"。

4.《媒介与叙事（认知、探索、实验、呈现）》

讲座《媒介与叙事（认知、探索、实验、呈现）》围绕"如何通过跨领域的手段探索视觉艺术的边界"展开讨论。马泉教授多年深入沙漠腹地，不断突破自己，探索思考人类认知的维度，以水墨、综合材料、视频、音乐和装置等混合媒介构建完整的认知和逻辑结构，并进行了艺术创作。作品《叠加态》受邀在深圳关山月美术馆首展，展现沙漠极限空间的同时引发观众对生存环境的深刻思考，对当代设计产生了重要影响。本次讲座马泉教授以自身创作经历和作品设计为例，以沙漠为载体表达对生命、时间、空间、宇宙的多维度认知，并提供了一种新的思考问题与艺术创作的方式——从独立认知观察、问题提出到探索一种结构、一种叙事方式以及媒介组合实验的方法和实验，为

我们展示了跨学科研究创作的可行性路径。最后，马泉老师指出，认知和思考是创作的动机，创作需要不断挑战自身极限，突破过去的知识体系并重新构建。

5.《虚拟数字呈现形式与技术探讨》

在讲座《虚拟数字呈现形式与技术探讨》中，吴伟和教授谈到虚拟数字呈现形式的五个过程：模型、材质、动画、渲染、呈现。从人体器官"眼睛"的成像原理切入，探讨了如何通过人的认知神经和认知心理在二维介质上面产生三维感知的过程。在呈现形式层面，裸眼 3D 已经成为当下十分热门的虚拟数字呈现形式，这个技术的产生初衷主要是改进 VR 技术容易造成视疲劳的缺点，因此通过把 VR 镜片放大成为屏幕遮罩的方式形成了裸眼 3D 的呈现效果。当下的三维扫描技术的飞速发展极大提高了虚拟数字化呈现的效率，降低了成本，配合三维动作捕捉技术，可进一步拓展了三维建模的技术边界。

6.《中国纺织考古中的刺绣》

王亚蓉教授以习近平总书记在十八大以来多次强调的"中国有坚定的道路自信、理论自信、制度自信，其本质是建立在五千多年文明传承基础上的文化自信"为出发点，强调服饰作为物质文化生活中的重要载体，对社会的政治经济起着巨大的推动作用。历代的织绛绣染，是中国文化中最珍贵的艺术瑰宝之一，通过丝绸之路传播到亚欧非各国，

对世界纺织工艺产生了十分深远的影响。她谈到中国是世界上养蚕缫丝最早的国家，自商周时期开始，官营手工业的发达促使刺绣手工艺繁荣发展。在经历了五千多年的传承演变后，刺绣工艺已经成为纺织生产中不可或缺的一部分，通过刺绣工艺生产的丝绸商品已经成为中西方物质交流的重要载体，促进了古代丝绸之路的形成发展，使中国以"丝国"的称号闻名于世。

王亚蓉教授指出，中国刺绣起源于人们对美好生活的追求，随着数千年历史沉浮，未曾阻断其发展，但是精工细制的手工技艺因为"缓慢"的生产节奏而逐渐衰退，并且因为纺织品属有机质文物，在史书古籍上记载的刺绣名师高手的大量作品，能保存下来也实属不易。目前国家开始大力宣传和保护手工技艺的发展，为继承中华优秀传统文化开辟了新的途径。接着，从中国传统服饰刺绣的历史、技法、纹样、色彩、面料等方面系统阐释了中国纺织考古中的刺绣，并探讨了刺绣与中国古代经济政治发展的关系，展望了中国文物保护的未来发展态势。

在讲座的最后，王亚蓉教授引用沈从文先生曾经说过的一句话"继承是对传统文化最好的保护"来总结文物保护的核心理念，认为只有真正开启中国传统服饰文化的研究，才能了解中国传统服饰文化在历史上的辉煌。

7.《文化遗产的数字化演绎》

在《文化遗产的数字化演绎》讲座中费俊教授围绕"文化遗产数字活化"指出"数字化演绎"的目标是文化遗产活化而不只是动态化，文化遗产活化的核心策略是通过文化与科技的融合创新来建构文化与大众、文化与生活、文化与产业的超级链接，研发出能更加符合当代受众欣赏、传播、体验以及消费特性的艺术作品或文化产品。接着，费俊教授将文化遗产的"数字化演绎"的应用场景分成了数字文博，数字文创，数字文旅三大板块，通过《时间的形态·京剧》《睿·寻》《水曰》《归鸟集》《自然与文明》《城市即博物馆》《安仁公馆活化计划》《幻境2099》《东方智美》《画游千里江山——故宫沉浸艺术展》《戏游》《戏游2》等丰富的实践案例诠释文化遗产数字化演绎的方法、思路及内涵。最后指出，数字化是数字化演绎的基础而非目的，数字科技将会成为我们去活化文化遗产、转译文化遗产的重要能力和手段。只有找到了文化遗产转译的有效方式以及应用场景，我们创造出的作品或产品才能产生广泛的社会价值、经济价值和文化价值。

8.《流动的传统
—— 中国传统文化在现代服饰设计中的转化》

在《流动的传统——中国传统文化在现代服饰设计中的转化》讲座中，张宝华教授围绕"如何认识设计背后的信息"阐述中国传统文化在现代设计中的转译。他提出艺术创作时不能只参考本学科的作品，要勇于打破自己固有的思维方式，从生活中或其他艺术形式如建筑、雕塑、绘画、音乐、古诗词等可能完全不相关的学科中去汲取灵感，才有可能创造出令人耳目一新的作品。接着张宝华教授展示了多年来的个人案例与学生作品，分享了中国传统文化在现代设计中的转译方法与思路，并提出拥有正确设计方向的经典设计才能够长久享用，我们应当向自然学习、向经典学习、向传统学习，充分理解文化底蕴，将具象的内容解构重组才能产生新的价值。

9.《传统服饰造物思想与当代创新设计探索》

在《传统服饰造物思想与当代创新设计探索》讲座中，贺阳教授结合自身长期深入少数民族地区对传统服饰考察的经历，从少数民族传统服饰的材料、技艺、纹样、色彩、礼仪、功能等方面进行深入挖掘，探索"人与物""器与道"之间的关系，认为中国少数民族传统服饰具有"节用"与"慎术"造物观，并从传统服饰的造物思想与方法出发，寻找中国当代服饰设计的传统线索与当代实践。贺阳教授提出，少数民族的传统服饰用尽可能少的元素表达了更加丰富的效果，用最简化的方式解决了最根本的问题，满足了人们对服装的多样化需求，蕴含着落地、踏实、自信、独特的民间智慧，体现了先人的智慧与远见，这正是传统技艺传承的重要意义。最后，贺阳教授呼吁我们要"走向田野，向传统学习"，从民族服饰的结构、纹样、创新等方面去近距离感受中国传统服饰的文化价值与美学内涵，避免在日渐西化的语境中迷失自身文化。

10.《中国传统天然染色工艺数据化研究》

讲座《中国传统天然染料数据化研究》从中国传统天然染料与化学染料、中国传统天然染色工艺、传统染色工艺的数据转化与当代应用三个方面展开，对不同时期、不同颜色的直接染料、还原染料、碱性染料、酸性染料的染色工艺与色彩调和、染色方法、染色材料的应用及传统染色工艺的中外交流现象做了详细的介绍。本次讲座中，杨建军老师不仅总结归纳了天然色素的性质，详尽地向我们展示了中国传统天然染色工艺之美，而且结合自身实践案例，在中国传统图案研究与设计创新、中国传统印染工艺研究与应用创新方面为我们提供了大量可借鉴的思路和方法。讲座最后，杨建军教授指出研究传统文化是传承的，传承是动态的，我们应该汲取传统智慧，更好地走向未来、融入世界。

11.《夏代常旟与上古旌旗制度》

冯时教授的讲座《夏代常旟与上古旌旗制度》从二里头遗址博物馆里的镶嵌绿松石龙形器的造型、铃铛等多处疑点出发，结合其他多处考古发现，以中国天文考古学的视角从星宿、甲骨文、金文、古文献中追根溯源，逐渐为我们揭开夏代常旟与上古旌旗制度的谜题。在物质资料不丰富的上古时期，观看星宿明确农时以指导农业生产非常重要。龙的形象来自天上可用于指导农时的关键星宿，从对龙星宿的观察到各地衍生出龙不同的世俗形象，这一过程反映了古人的生存观、时空观、政治观、宗教观、祭祀观、哲学观与科学观。冯时教授指出，常旃作为"画龙与旜"的载体，是上古旌旗最重要的一部分，也是身份地位的一种象征，对其进行深入研究是构建中国传统知识体系与思想体系的重要环节。

12.《定位，方式》《推敲，举例》

讲座《定位，方式》从不同类型的游戏案例出发，详细阐述了游戏美术的定义、游戏美术的目标、游戏设计的本质思维和游戏角色气质的营造方法，帮助学员认识游戏设计艺术。

讲座《推敲，举例》从游戏平台、游戏IP、游戏风格、玩家群体等方面介绍了游戏市场现状，以多个游戏项目作为案例，分析了游戏中的角色设计与逻辑设计的关系。结合优秀的游戏作品如：《塞尔达》《战神》《鬼泣》《守望先锋》《仙剑奇侠传》《幻璃境》等案例介绍游戏服饰设计的方法、游戏服饰的表现形式和规则、装备设计与传统服饰在游戏设计中的应用。围绕美术风格的统一性，提出游戏美术需要具备整体性和以用户群体需求为核心的设计思维。

13.《北齐娄叡墓壁画中的马为什么"看镜头"》

在讲座《北齐娄叡墓壁画中的马为什么"看镜头"》中，郑岩教授从视觉心理学的角度探讨中国古代的建筑与雕刻绘画工艺与观者的互动性特征。首先，郑岩教授援引山东滕州龙阳店东汉画像石、张彦远的《历代名画记》、石守谦的《"韩干画肉不画骨"别解》《风格与世变》、南朝梁吴均《续齐谐记》、唐张鷟的《朝野佥载》、刘道醇的《圣朝名画评》、郭若虚的《图画见闻志》等丰富的古籍资料，从古代雕刻绘画工艺的互动性特征切入，尝试从宗教、民间艺术思想、古代政治经济背景探寻研究中国美术史的新方法，来弥补以古代艺术家为线索的传统中国美术史的断层，进而促进美术史研究的完整性。接着，郑岩教授以东汉建安十四年或稍后的四川雅安姚桥村"高颐阙"为引，结合山西石楼后兰家沟出土的商代铜勺、西周的蛇噬蛙盘、东汉王延寿《鲁灵光殿赋》《楚辞·招魂》《西京杂记》《后汉书·文苑传》、安国祠堂题记、梁县沈府君阙、山东临沂吴白庄东汉墓，以及西方的油画《天神报喜》等文物、古籍，深入浅出地探讨了古代建筑的造物者——工匠，通过各种巧妙的伏笔引导观者视线的造物思想，认为在中国美术史视野下，魏晋艺术名家的艺术自觉出现之前，构成美术史内容的是工匠的"匠心思想"。最后，郑岩教授指出，研究不仅要培养宽广的视野，还要通过艺术实践获得细致入微的发现，在纷繁的文物古迹中寻找相互关联的线索，并将之串联起来去解读细节

背后的社会文化背景。

14.《服装数字化与人工智能驱动下的服饰艺术探索》

黄海峤副教授的讲座《服装数字化与人工智能驱动下的服饰艺术探索》从四个方面阐述服装数字化：第一，从服装 3D 数字化的关键技术与方法与传统服装的数字化的方面，提出较好的数字化需要重视其外观与风格。第二，详细介绍了数字化设计的完整流程以及行业应用，结合多个项目实例强调了 3D 数字化在企业中的价值和相较于传统服饰在设计开发、媒体宣传、供应链、智能生产、流程信息化等方面的优势。第三，讲述了人工智能与大数据驱动的服装、艺术研究与应用，举例多种计算机辅助艺术创作与基于算法的艺术图案设计。第四，介绍了 NFT 同质化通证与数字艺术知识产权，以 OpenSea 对 NFT 的特征、艺术品、铸造流程、行业风险与挑战等方面进行了展开，并提出学校教育要具有前瞻性，需要符合时代的发展。

15.《实体交互与未来设计》

米海鹏副教授的讲座《实体交互与未来设计》中以三个关键词科技、艺术、文化为重点介绍了交互设计的主要研究方向。从实物用户界面的起源与发展开始，以算盘、Frazer 的"3D 建模系统"、Bishop 的弹珠应答机、Tangible bits、MCRit 模型、ATUI 模型等经典案例讲解数字信息的输入与输出。他提出实体交互的三种形态主要分为交互表面、构件组装和嵌入约束，并介绍了 TUI 的三种形态：几何塑形、运动反馈和功能形变是实体交互当下的表现形态。随后，他从数学家杜德耐的研究中引申出了多个数字信息在物理世界里变形的案例，如实体俄罗斯方块、以液态合金 Galn 为灵感的装置艺术《鉌命 |MetaLife》、基于特殊食物细胞 - 纳豆的材料在服装功能性的应用、融

合湘绣的作品《木兰》，动态宣纸绘画作品《玖兰》、老北京传统手工艺——毛猴的再创作等，展示了视频交互、物理视频、可编程物质、工艺美术传承技术等与数字技术相结合的可能性与前瞻性的探索。

16.《纳石失在中国》

在《纳石失在中国》讲座中，尚刚教授结合文献记载和文物考证，从纳石失的出现、在蒙元时期的流行、纳石失与金缎子的差异等方面，详细介绍了纳石失在中国的发展历程，并从文化的传播、交流、社会背景的角度分析了纳石失流行的原因。尚刚教授追根溯源，从都兰汉风丝绸、丝绸出关贸易、联珠纹丝绸的起讫及影响三个方面介绍了中国早期的织金锦的源流和嬗变。最后，尚刚教授指出，艺术史的研究和建设要依据考古学，但不能单纯依据考古学，还应该重视文献。不能将艺术史做成现存实物的历史。另外，工艺美术的变化与政治有极大关系，研究工艺美术的过程中也要关注当时的时政变化。

17.《纺织考古视角下的中国传统服饰研究与数字化传播》

在《纺织考古视角下的中国传统服饰研究与数字化传播》讲座中，高丹丹副研究员从纺织考古视角下介绍了对传统服饰的研究过程，并讲解了如何对传统服饰进行复原、抢救、保护、数字化传播。接着以明代墓葬出土服饰为例，通过文献、图像、实物的信息采集到材质、纹样、工艺的分析研究，介绍了纺织考古视角下的传统服饰研究过程。随后，讲解了用实验考古学方法，对吴氏墓礼服、吉服夹袄进行面料复织及结构复制实践。最后，通过民族服饰博物馆数据库的建立过程，介绍了基于数字化传播对传统服饰的抢救保护与传承。指出当下我们运用多种研究方法追本溯源的同时，运用数字科技的手段对传统服饰进行传播，才能让优秀文化发扬传承。

18.《可持续的时尚预见》

付志勇教授在《可持续的时尚预见》讲座中，从"当下我们到底在穿什么？"引出时尚产业背后隐藏的水资源浪费污染、土壤退化、温室效应等环境问题以及第三世界工人待遇、动物福利等道德问题，面对严峻的挑战时尚的可持续探索刻不容缓。付教授列举当下数字化案例，帮助学员了解技术手段是如何在时尚生产、制造、营销三方面走向可持续的未来，同时也提出作为设计研究者需从未来趋势和价值取向出发，发掘未来信号并聚焦驱动因素，以思辨方法呈现未来多元场景，将未来思维融入设计思维，从而设计更合意的未来，达成"共益社会"的目标，并结合案例与自身教学经验详细介绍了未来学研究方法和工具，引导学员们对未来元宇宙创意生态进行展望。

19.《文博视觉设计与数字化》

在《文博视觉设计与数字化》主题讲座中，李栋副教授以自身参与北京服装学院民族服饰博物馆藏品数字化的经历为例，详尽分享了传统服饰数字化流程，从自主探索服饰素材数字化采集保存的方式，到文物数字复原展示，结合了海内外知名博物馆案例，介绍了文博系统如何从空间导视、展览传播、文创产品、交互方式、出版物这五个方面进行数字化升级。接着，分享了自身创作联合国教科文组织保护非物质文化遗产大会的国礼设计《二十四节气》文创产品和《2018潮州国际刺绣双年展》视觉系统的设计趣事，他认为文博产品要根植于其所在的地域文化本身，充分了解当地的风土人情，将产品最具地方特色的信息展示出来，不断融合数字化技术，吸引更多 Z 世代的中国传统非物质文化遗产体验者，让文物焕发出更深、更广、更新的影响力。

20.《智能时代下的传统文化数字化》

在《智能时代下的传统文化数字化》主题讲座中，赵海英教授从文化计算的缘起与思考、文化计算的现状与实践、文化计算的实践与思考、文化计算的进展与挑战四个部分全面阐释了文化计算。赵海英教授详细地讲解了两个专题案例：第一，文化计算在文化遗产数字化中实践，将中国传统纹样构建为中国文化遗产符号系统的子系统，形成一套可对外传播的虚实相生的具有中国文化形象的传统记忆符号系统；第二，文化资源数据标签化研究，以传统纹样为例，按照造型题材、构成空间、构成、不同应用分类，阐述了对传统纹样的挖掘与提取并将其标签化的过程。她提到未来研究将从纹样数字化入手，携手服饰国际标准，构建中华民族的传统纹样基因库，做大做强中华文化素材库。给我们展示了"文化计算"从概念的产生到实践与应用的严谨科研路径与研究方法，并指出文化计算的算力、算法、数据未来将会为人工智能提供支撑，形成文化数字化生产线。

21.《极往知来》

在《极往知来》讲座中，李迎军教授从历史传统和当代创新的角度运用四组案例讲述了"极往知来"的观点。第一，从"锥形胸衣""西方的中国风"两个案例出发解释了文化基因；第二，使用"以倭代唐"和"方心曲领"两个案例解释"极往"的目的并不是复古，而是需要了解我们真正的传统文化，把真正的历史转化成当代服装；第三，从"阿拉伯世界研究院"和"Macbook Air"的案例出发阐释"知来"，提出"极往"的目的是"知来"，即传统的价值需要具备国际化与当代性的价值；第四，根据习近平总书记提出的"从中华民族的优秀文化中寻找源头、活水"阐释了文化基因即"源头"，传统文化的当代语义则是"活水"。从而以民国时期旗袍研究为案例，介绍了民国时期的旗袍结构、文化研究与设计实践，讲述了旗袍的发展脉络、文化层面、礼仪性、实用性和审美功能。李迎军教授提出设计要从传统出发、尊重自身传统，要将传统转化成当代性的设计表达。

22.《从潘金莲的服饰看晚明世风》

陈芳教授在《从潘金莲的服饰看晚明世风》讲座中主要探讨了三个问题：一、晚明纵欲风气下的女性自觉；二、晚明才女文化的兴盛及其对女子品评标准的转向；三、商品经济的繁荣导致女性经济的相对独立。首先，陈芳教授围绕潘金莲的服饰对其所体现的性感特征展开了一系列的探讨，以服饰源流、服装形制，以及服饰与社会生活关系这三个方面为切入点，分析了包括扣身衫子、抹胸儿、膝裤等服饰个案所体现的特征，从服饰特征看晚明世风的真实状况。其次，从文

化背景、表现形式、产生原因，发展情况等方面阐释了"才女文化"的特质。最后指出，晚明商品经济的繁荣导致了女性经济的相对独立，但是这样的现象所体现的现代性是相当不彻底的，研究应以服饰文化研究为线索，用物质文化的研究方

23.《时尚的数字镜像》

宁兵副教授在讲座《时尚的数字镜像》中，围绕时尚数字化与游戏的交叉关联内容切入，从三个核心概念（"时尚、数字时尚与游戏化"）与五个情境洞察（"内容为核心的游戏化营销、时尚和游戏的联名 PGC、依托开放世界游戏平台的PUGC、体验为核心的品牌多维叙事空间、数据＋体验的新服务模式"）

阐释了对时尚产业及游戏化内容生产的思考。他认为时尚的数字化包括了"人与物"（即以人为本研究服饰）、"场"（即使用情境）、"事"（即品牌叙事与价值认同），时尚的数字化发展离不开内容、服务与媒体。从"民族服饰文化＋文创产品""2022冬奥赛服数字化仿真""AI 时尚＋电商"等方面列举多个案例，帮助

项目学员理解"数字化服装""游戏化"与"计算设计"的背景及发展趋势。探讨了数字时尚的定义、时尚的本体价值与时尚产业的新生态，为项目学员从数字化与游戏结合的角度提供了新的观点与思考方式。

24.《AI 创造力》

在《AI 创造力》讲座中，吴卓浩老师介绍了多个人工智能技术与不同行业结合的研究案例与心得体会。他认为"人类与 AI 是互补的关系，AI 不会替代人类，替代的只有重复性的工作，而人类需要 AI 的创造力"。未来的设计将是"人智共创"，即 AI 与人类各展所长、共生共创。并以"原麦山丘 AI 面包识别机"的案例阐述实体环境与用户行为的融合和材料工艺、照明、散热问题的解决方案；以"儿童创造力乐园"的案例讲述如何将虚拟空间与实体空间相互关联并产生互动。以 AI 辅助创作的儿童绘本、AI 在时尚产业中的应用、吴冠中风格的 AI 智能绘画等案例说明 AI 创造力是一种新的理念、新的力量、新的策略，AI 创作是基于 AI 背后蕴含着的深厚的人类文明，是更具创造性的设计流程与思维方式，创作过程中可以更好地借助人工智能技术。

25.《宋辽金时期菩萨像服饰研究》

齐庆媛副教授的讲座《宋辽金时期的菩萨像服饰研究》结合政治经济文化背景，展示了古代服饰文化研究的新视角。齐庆媛副教授以自身学术研究为例，从宋辽金时期菩萨像的地域分布、衣饰类别、衣饰组合关系、社会背景等角度深入阐述了中国古代服饰文化的研究方法与思路，指出古代宗教艺术中的服饰文化根植于世俗社会，从社会生活方面反映了宋辽金时期服饰的时代特征。并提出新的研究方法与观察角度，从多个维度厘清传统服饰文化脉络，加深传统服饰文化理解，进一步挖掘了传统服饰文化的价值，促进传统服饰文化源远流长。

26.《古代服饰文化信息的采集与复原重现》

陈诗宇老师的《古代服饰文化信息的采集与复原重现》讲座，展示了传统服饰设计创新并运用到现代影视剧服化道的设计中的过程。他以自身创作经验阐释了研究中国古代服饰的四个途径：文献、图像、实物、雕塑，并结合服饰的天、地、人、事的属性，提出了还原古代服饰的体、用、造、化的方法，深入阐述中国传统服饰文化在现代影视剧服化道设计中的转译方法与思路。接着，结合《清平乐》的礼制考证与影视呈现、明制大衫霞帔翟冠的研究与银幕重现、大唐公主的还原与重现等案例探讨了古代服饰复原的实践方法。他认为，传统服饰文化的创造性转译，需要在充分理解文化底蕴的基础上进行实践，从而赋予中国古代服饰文化新的生命与价值。

27.《文化遗产数字化展示与传播研究》

张烈副教授的讲座《文化遗产数字化展示与传播研究》从"新技术创造了新工具，新工具产生了新方法，新方法带来了新媒体，新媒体改变了新体验"的现象和缘起切入，指出新媒体快速融入新时代，改变了我们的艺术和生活方式。数字创意作为新媒体的手段，能较大程度地吸引受众的注意力、引发受众的兴趣与好奇心，强化认知和传达的效果，激发情感共鸣，在文化遗产数字化展示与传播中可发挥巨大作用。讲座中，张烈副教授结合多个实践案例对文化遗产数字化展示与传播展开了深入阐述。比如，在隋唐洛阳城应天门遗址博物馆展陈和"数字隋唐"项目中，从历史研究、技术开发到社会传播和科技与艺术的呈现，全球首创了国风音乐机器人科技舞台剧，打造科技艺术的网红打卡地；在"孔子博物馆科学与文化规划及基本陈列和设计"项目中，展示了如何通过新材料和新媒体技术的创新，围绕"景仰""对话""洗礼""认知""致敬"等关键词打造博物馆中的教育和思考空间，实现孔子博物馆序厅时空交错的震撼体验。经过理论和实践的探索，他认为文化遗产的数字创意与创新主要来自三个方面：内容的再生产和知识的创新、艺术形式和传播技术的创新、组织模式和行为方式的

创新，为面向文化遗产和博物馆的数字创意展示与传播提供了重要途径和思路。

28.《塑像与造像》

马天羽教授的讲座《塑像与造像》分为两部分。在第一部分中，他结合参与"中国古代服饰文化展"人物形象的复原经历，分享了展览中15组人物的选形、扫描、解算、塑形、打印、铸造、肌理、翻模、铸胶、染色、植毛、置妆的具体过程，讲解了数字化技术在古代人物形象复原过程中的应用。指出古代服饰人物形象的复原要在"审美的形象"和"形象的审美"之间谱写经典与时尚的乐章，研究中国古代服饰不仅要注重服饰本身，还要注重穿着服装的人像，关注人与服装的关系。作为展览的人像，不仅要符合古代人物的实际形象，呈现古代文化应有的气息，同时要符合当今观展人的审美。在第二部分中，马天羽教授分享了多件艺术作品的创作方法和思路，指出时代给我们这代人提供了良好的机会去触摸古代先人的文化，当代艺术家要能够用作品去传播艺术的文化价值。最后，马老师从古代服饰展览、当代艺术创作回到塑像与造像的问题上，以不同雕塑家塑造的名人雕塑、佛教雕塑为例阐述了塑像与造像的不同，并提出传统文化蕴藏在我们的血液中，赓续传统的同时不能停止创新，传承与创新需要相互交融，"没有传统的创新"和"没有创新的传统"都不可取，为当下的艺术创作提供了思路。

29.《研究方法与论文写作》

齐庆媛副教授作为《艺术设计研究》主编助理，在讲座《研究方法与论文写作》中以出版社评审专家和编辑的视角，从文字规范、词语规范、标点符号用法规范、注释格式的规范、参考文献、插图规范、表格规范等方面讲述了研究方法和论文写作两个部分。

研究方法从二重证据法、三重证据法切入。国学大师王国维提出"二重证据法"后，"出土文献"与"传世文献"相结合的方法成为中国传统文化研究的重大革新。随着学术研究的不断深入推进，黄现璠先生、徐中舒先生、饶宗颐先生等不同学者从不同角度进一步提出了"三重证据法"。沈从文先生晚年填补中国物质文化史空白的著作《中国古代服饰研究》一书，便是采用了文献、文物、实物相结合的三重证据法。并以扬之水先生的《恩施猫儿堡出土明代金银首饰解读》、齐庆媛副教授的《明定陵出土佛菩萨像发簪研究》两个具体案例讲述如何把研究方法运用到论文写作中。指出在物质文化史的研究中，要重视出土实物的研究，将文史研究与文物研究相结合更能令人信服。

30.《传道重器 明形鉴制
——中国古代服饰复原研究与实践》

蒋玉秋教授的讲座《传道重器 明形鉴制——中国古代服饰复原研究与实践》从自身研究方向、教学实践工作出发，深入阐述"传道重器"与"明形鉴制"，为大家提供一种新的从物论史的研究思路，以真实的服饰实物为研究主体，通过图像、实物与文献互证，来立体解读断代服装史，从而达到证史、校史、补史的作用。讲座以现代中国服饰品牌为例，指出道器相容才能使中国优秀文化得以传承；以中国服装史为例，解释了明形鉴制以文献、图像、异邦材料、复原实践为物证，研究形制规律、形制关系、形制传播；以明代环编绣獬豸胸背复原实践为案例，向学员展示了各朝代的复原服饰。最后蒋玉秋教授邀请陈十睿老师讲述《古代妆容造型》，为学员介绍秦汉、魏晋南北朝、唐、宋、明、清的妆容并亲自示范。学员们通过沉浸式学习试穿复原服饰、体验各朝代妆容，更深入了解了古代织绣印染技艺和各朝的妆容差异。

31.《未来学与未来艺术学:
——太空、生物、机器人与元宇宙艺术》

张海涛老师的讲座《未来学与未来艺术学——太空、生物、机器人与元宇宙艺术》首先详细阐述了未来艺术的定义、类型、价值与历史背景,从五个要素:媒介、技术、语言、符号、观念探讨其价值判断的标准,认知未来艺术发展的趋势与当代艺术的关系。随后,预设未来科技艺术(数字虚拟、生化变异、人工仿生、物理转换领域)的趋势和其带给我们新的伦理、时空、思维的变革。此次分享的未来艺术内容侧重探讨前沿的太空、人工智能、生物与元宇宙艺术的概念、类型、特征及对未来世界各领域影响的意义。最后提出元宇宙不应该带来文明内卷,数字虚拟技术和太空、生物技术,其实是相辅相成的,虚拟与现实世界需要解决文化和伦理矛盾冲突的同时建立共识价值。

32.《信息可视化方法在传统服饰研究中的应用》

在《信息可视化方法在传统服饰研究中的应用》讲座中,李煌副教授首先从日常的信息可视化设计引入,分析信息可视化的案例并阐释了相关的设计方法,用《国家地理》杂志插图,南丁格尔的战略布局图,宜家的说明书等大量案例,指出信息可视化的核心是要建立起非语言的沟通,以达到对图形语言的共识。随后,系统阐释了信息可视化的定义所涉及的制图学、符号学、图表、图形交互界面以及信息架构等方面的内容并对信息可视化设计进行多种分类。最后,李煌副教授通过几个案例阐释了信息可视化设计的具体方法,包括脑图,资料收集,构建框架,草图,设计深化五个步骤。李煌副教授对信息可视化设计的探讨进一步为大家打开了新的研究视角,更加清晰了中国传统在当代语境中转译的设计方法。

33.《用数字媒体设计未来》

严晨教授的《用数字媒体设计未来》讲座从数字媒体与元宇宙赋予设计的新空间、数字媒体艺术教育现状两部分展开。指出新一轮的科技革命和产业变革正在广泛渗透到各行各业和社会经济生活的各个方面，带来人类历史上前所未有的数字化变革浪潮。在大数据、云计算、物联网、可穿戴设备等数字技术及高新设备的推动下，媒体已经成为集内容、设计、数字技术、关系、服务于一身的综合服务体。数字化伴随着信息化、网络化、智能化将极大地超越工业革命以来的机械化、电气化的影像和冲击，将带来人类从生产方式到生活方式的颠覆性变革，数字媒体成为媒体的新形式，具有新的表达语言。并结合VR、AR、MR、XR等技术和实践案例阐述了数字媒体设计未来在服装、医疗、演艺等众多领域的设计空间，指出高校教育要能紧跟时代，培养社会发展所需的人才。

34.《新媒体环境下的植物数字化与传播设计》

在《新媒体环境下的植物数字化与传播设计》讲座中，韩静华教授讲述了自身组织参与的实践项目，从"植视界"基于二维码的植物科普项目、《北京花开：写给大家看的植物书》、北京市示范区杨柳雌株资源调查系统设计及开发、AR奇幻植物园、北林校史长卷设计等多个案例叙述新媒体环境下科普创作的方法和思路。比如，在AR奇幻植物园项目中，韩老师带领学生将植物知识、植物手绘图、AR技术完美结合，将儿童带入一个绘声绘色、栩栩如生的植物世界，让科普充满了科学性的同时不乏趣味性。为如何科学有效地结合新媒体进行艺术创作提供了可借鉴的思路和方法。

35.《中国美学的特征》

彭锋教授在《中国美学的特征》讲座中通过多个国内外学者的观点，引出中国美学现存在的问题与现存对中国美学基本概念的认知。彭锋教授从写意的角度阐述中国美学，以本雅明对于写意相似性的理解为例，介绍了"写意"在西文中的传播。接着从丹托的风格矩阵看写意艺术的风格特征，清晰阐述了绘画类型中表现与再现，写实与写意的区别。随后又以集中意识与附带意识的框架阐述中国戏剧、中国园林类型，通过类比其他写意艺术类型对本质的揭示有助于我们理解绘画中的写意。彭锋教授认为，之间与之外更加符合中国美学当代的表达，给予了我们研究传统文化新的思考角度。

36.《敦煌服饰文化研究渊源》

在《敦煌服饰文化研究渊源》讲座中，刘元风教授讲述了敦煌服饰文化研究暨创新设计中心从发起到成立的历史沿革，并且展示了与之相关的一系列的学术平台与活动：新中装研究中心，博士项目人才培养，国家社科基金项目"敦煌历代服饰文化研究"，国家艺术基金"敦煌服饰创新设计人才培养项目"，国家社科基金重大项目"中华服饰文化研究"，等等。接着，刘元风教授展示了一系列的设计实例，如国庆 70 周年庆典服装设计，2022 冬奥、冬残奥服装设计，第三届丝绸之路（敦煌）国际文化博览会时装作品展演等，阐释了敦煌服饰文化在当代服饰中的转译。最后他从佛教切入，阐述了敦煌与民族文化的历史渊源，细致地讲述了敦煌莫高窟壁画的复原过程，从构图、线条、颜色到比例、姿态、神情等，清晰呈现了敦煌莫高窟壁画的传承与创新方法，响应"一带一路"倡议。

37.《敦煌石窟艺术》

崔岩副研究员的讲座《敦煌石窟艺术》以具体的设计案例展示了如何基于敦煌石窟服饰艺术进行当代化的创新设计，指出敦煌石窟艺术不仅仅表现了过去、重现了历史，更是对当代艺术设计的创新起着积极作用，是当代取之不尽用之不竭的艺术源泉。敦煌在汉武帝时期是通往西域的必经要塞，从敦煌出玉门关和阳关向西可到达中亚、西亚、南亚、北非、欧洲等地区，这就是历史上连接欧亚非陆路交通的重要大道——丝绸之路。而敦煌是丝绸之路上最耀眼的明珠，是佛教从西向东传播的交汇地，佛教的石窟艺术也因此在这里持续了千年之久。敦煌石窟是在中国汉晋文化艺术的基础上，吸收外来佛教艺术而产生的集建筑、彩塑、壁画等多种艺术形式于一体的中国风格民间佛教艺

术。它不仅是一部完整的中国佛教艺术史，而且系统展现了丰富生动的古代社会生活，尤其是在古代服饰艺术方面，敦煌石窟提供了大量的图像、文献和实物资料，如洞窟壁画、彩塑、藏经洞的绢画、纸画、麻布画、纺织品等，这些资料涉及不同时期、不同地域、不同身份的传统服饰，为今人研究古代传统服饰提供丰富可信的艺术资料。

38.《传统文化在〈逆水寒〉游戏中的再现和活化》

网易游戏的张科锋先生带来了《传统文化在〈逆水寒〉游戏中的再现和活化》主题讲座。讲座介绍了网易的第一个游戏工作室——雷火游戏工作室，这已是目前国内一流的游戏制作团队。接着展示了《逆水寒》游戏项目中人物服装的设计案例，阐述了传统服饰文化在游戏中再现和活化的过程。张晶晶女士在"传统服装设计在游戏里的应用"

中阐述了游戏角色设计的定义，并结合大量的设计案例，从设计类型到面料材质再到制作实现，介绍了游戏服装设计的具体方法。讲座中提到，文化自信，要守正也要创新，守正是要从传统文化中提取精髓，创新是要在设计和技术上不断突破。游戏的快速发展为传统服饰文化的活化搭建了良好的平台，为树立文化自信提供了强大的推动力。

39.《元宇宙发展研究报告 2.0 版》

沈阳教授带来的讲座《元宇宙发展研究报告 2.0 版》从元宇宙的缘起、概念与属性、技术与产业链、场景应用、风险点及治理、热点七问以及未来展望七个方面做了元宇

宙的发展研究报告。沈阳教授从中国古代的哲学六观开始，完整地展现了元宇宙发展的历史脉络，点出了元宇宙的舆论去泡沫化与理性回归的问题，进而总结出元宇宙的三

大属性，时空拓展性，人机融生性，经济增值性。沈阳教授分析了元宇宙生态系统与核心技术，从感知六识，计算，技术，交互，元宇宙六理构建了元宇宙生态矩阵，指出元宇宙与数字经济是相融相生，互补创优的关系，并通过元宇宙和六大新经济，包括单身经济，适老经济，焦虑经济，忙人经济，潮牌经济，颜值经济，形成了基于资源整合标引的知识重组系统。沈阳教授阐述了元宇宙的风险点及治理的议题，包括经济风险，产业风险，企业风险，技术风险，群体认知风险，个体生理风险，个体心理风险，等等，并进行了多维度的风险评估，提出了一系列治理措施。沈阳教授指出，人类文明的卡尔达肖夫等级处于7.0级，信效等级处于2.1级，未来的数十年人类将会面临前所未有之大变局，迎来以全球化元宇宙，中式全球化元宇宙，地球月球火星元宇宙三者共生的元宇宙未来。

40.《策展、设计、工程、技术、品牌——服饰设计数字化相关趋势》

季铁男老师的讲座《策展、设计、工程、技术、品牌——服饰设计数字化相关趋势》从包豪斯的剧场服装设计切入，搭建了展览策划、展览规划设计、展示工程、应用技术和品牌设计的主题矩阵，通过深圳建筑双年展，建筑电讯展，《国家地理》杂志地铁站公共展示、印度雀舍市城市更新公共展示，韩国光州艺术双年展等策展案例阐述了展览策划的基础研究、目标、展示方式、沟通交流、计划实施、财务、招标、合同等维度的过程内容。并阐释了展览规划设计的身体、空间、时间维度的属性特点，再以属性为基点，对使用策划、技术支援条件、公共建筑设计规范、设计图说等方面进行了发散式演绎。最后，季铁男老师讲述了从展示工程到数字应用技术的实践内容，涉及CAD/CAM电脑辅助制造、感应装置、3D打印、LED屏幕、虚拟设备、AI体系研究、材料研发等领域。他指出，传统文化在当代社会的转译需要挖掘传统文化背后适合当代社会语境的元素，结合数字化的技术寻找适配当代审美的表现形式，从而达到传承发展传统文化的目的。

41.《时尚、科技、艺术的跨界与融合》

刘方老师的讲座《时尚、科技、艺术的跨界与融合》主要以案例的形式阐述了如何利用数字化技术与艺术将时尚与音乐、舞蹈、建筑等领域进行跨界融合。案例一，SKP-S-Chaos on Mars。2020 秋冬与著名现代舞团陶身体合作将服装与舞蹈艺术、新媒体艺术进行跨界融合，利用 3D 制作、动作捕捉等技术创作了五个虚拟空间。案例二，SKP-S-Voices on Mars。2021 春夏将电气樱桃乐队的形象 3D 扫描并制作数字服饰，完成电子音乐与时尚的跨界。案例三，在北服的毕业设计品牌展演 See you in another galaxy 中，刘方老师设计并制作了六个平行宇宙，为六个品牌制作了 30 款虚拟模特与数字服装。让屏幕里的平行宇宙和真实模特一起表演，探索了现实与虚拟的平行表演模式，在 751D 的大型时尚发布会制造了强烈的冲击力。案例四，Walking on Mars。将建筑与时尚结合，与罗马尼亚建筑师合作，对建筑结构进行重构并对后人类时尚进行探讨。刘方老师指出，新媒体与服装跨界的形式来表现服装会迸发出不同的灵感与火花，并表示在未来的创作中，将加入传统元素，用跨界的形式来表现服装。

42.《新媒体短视频策划、运营与制作》

孙一凡老师的讲座《新媒体短视频策划、运营与制作》指出，2021 中国短视频市场规模达 2916.4 亿元，2022 年预计达 3768.2 亿，短视频用户预计达 9.85 亿人短视频是新的流行文化策源地，它带动了传统行业转型升级，这种形式具有巨大的市场和营销价值，如内容付费、平台支持、广告收益、自营电商、MCN 模式与跨界、短视频内容。接着详细讲述了短视频的定义与特征，分析了短视频用户和 App。他从账号定位、短视频平台、短视频内容分类阐述了短视频内容策划，并提出短视频需要注重视频逻辑并确保输出优质内容，要做到话题垂直、内容原创、密度高、制作上乘、完播率高并符合政策要求。最后，从短视频制作的基本流程引出短视频制作基础，结合实例详细地讲解了画面上的景别、焦距、构图、曝光、运动稳定、升 / 降格、声音等相关专业摄影概念与剪辑工具。

43.《设计转型时代的"设计赋形"问题漫谈》

许平教授在《设计转型时代的"设计赋形"问题漫谈》讲座中谈到现实问题转换的结果是设计形式的转变,即"设计转型",这种转型,不仅是设计形式的转变更是设计思考的核心价值的转变。许平教授从设计赋形、设计赋能再到设计赋联,由表及里、深入浅出地阐释了设计转型的内涵意义。设计赋形即通过手工造物来激发对于生命的想象,并经由生产成就生活以及生态。设计赋能即科技创新激发市场需求,设计引爆工业能量。设计赋联即数字信息融合世界图景,进而达到先进制造万物互联的未来愿景。许平教授通过纯真博物馆的案例探讨了设计转型思维的具体实践方法,指出设计赋形,设计赋能,设计赋联是设计转型在不同维度的具体表现,从自然、生活、形态到生产、材料、语言,设计随着社会生活的发展变迁在不断转型,也在影响着社会生活的未来走向。

44.《故事为什么要有不同的讲法? —— 跨文化美术史漫谈》

李军教授在《故事为什么要有不同的讲法? —— 跨文化美术史漫谈》主题讲座中讲述了《弗拉·毛罗地图》背后的故事,解读了地图中的细节元素所体现的当时的社会文化背景,指出其蕴含的跨文化信息和独特的视觉表达,极有可能为促成地理大发现时代的到来,做出过隐秘的贡献。并且就哥伦布探索东方的动力问题做出了精辟的论述,再结合问题 —— 朝鲜《天下图》如何在中国《山海经》面具下隐藏一副意大利面孔? —— 引出了对于第二个故事的论述:西方制图学特征

（如经纬线、南北极）的增添，和传统制图学特征的消减，亦可看作是时代晚近和《天下图》衰亡并将被西方制图学所替代之表征。李军教授指出，对同一个对象的研究完全可以有不一样的学术角度，进而讲述不一样的故事。

45.《从出土文物纵观汉代服饰文化》

王树金教授的学术讲座《从出土文物纵观汉代服饰文化》从300余件汉代出土的文物出发，从纺织品、服装、服饰三个维度展示了汉代中国纺织品服饰文化的关联，论证了多元一体的汉代服装服饰艺术。汉代服饰文化的源流、嬗变和技术史随着生产力的提升而产生相应的变化。讲座展示和分析了纺织品中的绢、纱、罗、绮、锦、丝、麻、革；服装中的冠、巾帻、上衣、下裳、袍服、裤装、鞋履、手套；服饰中的金、银、琉璃、步摇、耳坠、组玉佩、带钩、篦梳、铜镜、漆奁等多个服装服饰的特点、类型和配伍。王树金教授坚持在真实的出土文物信息中，搭建纺织考古的知识图谱和逻辑体系，站在各个区域、长时间跨度的出土文物信息体系中，去发现学术观点和进行学术研究。提出了从青铜和金属器物铭文出发考据服装服饰与生活方式的关系，从汉代"织锦上的文字"研究古代中国天下一统、祈福迎祥的家国情怀和对美好生活的追求，从不同材质上的纹样流动来构建纹样符号体系等，全面展现了汉代中国的锦绣华章和服饰之美，将服饰史中的一个个服装形制清晰系统地进行梳理和展示。

46.《信息图形可视化设计》

在《信息图形可视化设计》主题讲座中，李煌副教授以奥托·爱舍、奥运体育图标、纽约地铁导识系统、东京成田机场T3导识系统等优秀案例详细阐述了信息图形设计的方法要点，并表示图形符号应做到尽量摒弃文字语言、具有通用性、醒目清晰。通过展示大量的案例，从一级导识、二级导识、三级导识详细分析公共空间标识设计。最后，李煌老师分享了北京服装学院艺术设计学院设计的团队以未来美学探索、数字时代下的服装显示与虚拟对话、虚拟人研究等方向教学研究及委托项目。

47.《民族服饰文化信息设计》

在《民族服饰文化信息设计》讲座中，熊红云副教授主要阐释广西民族服饰特色资源库的研究与建设，并列举了锦绣广西、金秀瑶服、隆林苗服等案例。她从广西民族服饰特色资源库的研究与建设出发介绍了服饰文化研究与数据库技术研发的成果与研究方法。接着详细地阐述了专著《锦绣广西》与锦绣广西微信订阅号的五大主要模块，并介绍了《金秀瑶族服饰图鉴》的设计背景、研究内容、民族服饰及数字交互式影像技术研究、民族服饰图案纹样矢量化研究、民族

服饰文化数字可视化等方面。最后，从挖掘、构建与产出方面梳理了《隆林苗族服饰图鉴》的研究思路，以红瑶服饰的交互媒体设计为例，从文化内容出发研究服饰结构、制作工艺、纹样分类，以应用于交互媒体中的设计研究。

学术考察

1. 国家博物馆

　　2022 年 7 月 23 日，"中国传统服饰艺术数字化人才培养"项目成员前往中国国家博物馆开展采风考察与艺术调研，由中国国家博物馆馆员朱亚光老师带队，重点参观了"中国古代服饰文化展"。"中国古代服饰文化展"以孙机先生等国博学者数十年学术研究成果为依托，按照清晰的时间脉络，分为"先秦服饰""秦汉魏晋南北朝服饰""隋唐五代服饰""宋辽金西夏元服饰""明代服饰""清代服饰"六个部分，展出国家珍贵文物近 130 件（套），具有极高的艺术价值与学术价值，为传统服饰文化研究提供了最可靠的实物依据。该展览以习近平总书记强调"中国优秀传统文化是中华民族的精神命脉"为出发点，不仅生动地描绘了中国古代服饰的审美取向和穿着场景，而且深入阐释了服饰所承载的社会文化内涵。通过服饰这一文化载体，使学员们深刻地理解中华文化在继承传统与交流互鉴中不断发展的历史经验，推动中华优秀传统文化创造性转化、创新性发展。在学术考察中，朱亚光老师向学员们详细介绍了从原始社会旧石器时代晚期一直到清代晚期的中国传统服饰，通过对文物与不同朝代的着装复原人像分析了中国古代服饰的演变历程，帮助学员们深入了解服饰史与中国古代服饰的风采。

2. 民族服饰博物馆

北京服装学院民族服饰博物馆是1988年开始筹办，2000年经北京市文物局批准正式成立的，是中国第一家服饰类专业博物馆，是集收藏、展示、科研、教学为一体的文化研究机构，旨在服务社会，为教学、科研提供专业化资源，成为民族服饰文化的基因库，向世界传达中国文化的丰富和厚重，现已成为中国服饰文化交流、研究的良好平台。民族服饰博物馆现有展厅面积2000平方米，设有少数民族服饰厅、汉族服饰厅、苗族服饰厅、金工首饰厅、织锦刺绣蜡染厅、奥运服饰厅、图片厅七个展厅，还有供教学及学术交流活动使用的多功能厅以及可以与观众实现互动的中国民族传统服饰工艺传习馆。

2022年7月30日，"中国传统服饰艺术数字化人才培养"项目成员前往北京服装学院民族服饰博物馆开展学术调研活动，在北京服装学院博士生导师贺阳教授的带领下，近距离观摩了馆藏民族服饰，并参观了馆内正在展出的"馆藏拼布艺术展"。贺阳教授向学员们详细地介绍了彝族、显贵布依族套装、云南西畴壮族女套装、汉族女嫁衣、汉族男礼服、满族氅衣等馆藏服饰，并重点讲解了馆藏服饰所涉及的工艺、纹样、色彩、结构、形制以及少数民族地区传统的生活方式。学员们通过近距离与博物馆研究员的交流以及对馆藏服饰的深入观摩加深了对少数民族服饰的认知，深入了解少数民族传统服饰的风采。

3. 北京艺术博物馆

2022年8月2日下午，北京艺术博物馆副研究员刘远洋副研究员和张杰副研究员带领学员们近距离参观了北京艺术博物馆，并对北京艺术博物馆所在的万寿寺进行了深入讲解。本次学术考察主要对万寿寺中路的主建筑群的艺术价值与历史沿革进行了调研。万寿寺建于唐朝，原名"聚瑟寺"，明万历五年（1577）重修并改为万寿寺，清朝顺治二年（1645）、康熙二十五年（1686）、乾隆十六年（1751）、乾隆二十六年以及光绪二十年（1894）都重新进行了修葺。乾隆曾三次在寺中为其母祝寿。慈禧来往颐和园时会在万寿寺拈香礼佛，故有"小宁寿宫"之称。1985年，万寿寺辟为北京艺术博物馆。2006年，万寿寺作为清代古建筑被国务院批准列入第六批全国重点文物保护单位名单。万寿寺深庭广厦，琼楼玉宇，雕梁画栋，极其宏丽。其间曲栏回廊，御书碑亭，青石假山，古道地宫，苍松翠柏错落有致，占地三万余平方米，寺内分东、中、西三路。中路为主体建筑，山门以内共七进院落，向北依次为天王殿、大雄宝殿（即大延寿殿）、万寿阁、大禅堂、御碑亭、无量寿佛殿、万佛楼等，各殿两侧有配殿配房。

4. 故宫

2022年8月4日，"中国传统服饰艺术数字化人才培养"项目成员前往故宫博物院开展学术调研活动。在故宫博物院学术委员会委员、故宫博物院服饰织绣研究所所长严勇老师的带领下，学员们近距离观摩了明黄色纱绣彩云金龙纹女夹朝袍、明黄色纳纱彩云龙纹男单朝袍、明黄色缂丝八团彩云金龙纹女夹龙袍、石青色缎绣四团彩云金龙纹夹衮服等多件馆藏清代宫廷服装。研究人员向学员们详细介绍了清代宫廷服装所涉及的工艺、纹样、色彩、结构、形制以及清代宫廷的生活方式。通过与博物馆研究员的交流以及对馆藏服饰的深入观摩，加深了学员们对清代宫廷服饰的认知。故宫博物院学术委员会委员、故宫博物院服饰织绣研究所所长严勇老师在紫禁书院为学员们带来专题讲座——《清代宫廷服饰》，从清代宫廷服饰的种类及其使用、清代宫廷服饰的文化内涵两部分展开阐述，详细讲解了清代皇帝、后妃不同种类的服饰形制、搭配、质料、颜色等，基于服饰表象进一步挖掘清代宫廷服饰的深层文化内涵，指出清代宫廷服饰不仅体现了明显的等级制度，而且体现了满汉文化的相互融合、相互影响。

5. 法海寺

2022 年 8 月 6 日，"中国传统服饰艺术数字化人才培养"项目成员前往全国重点文物保护单位法海寺开展学术调研活动，在北京法海寺文物保管所陶君副所长的带领下，参观了法海寺并且近距离观摩了珍贵的明代法海寺壁画真迹。陶君老师向学员们详细地介绍了法海寺五绝：白皮松、大曼陀罗藻井、大铜钟、明代壁画、四柏一孔桥，并表示殿内珍藏着十幅完整的明代壁画，是享誉海内外的明代壁画珍品，其艺术水准、绘制方法、制作工艺均代表了明代壁画艺术创作的最高水平，具有非凡的艺术水平与历史价值，是写入中国美术史教科书的高峰之作。陶老师以《佛会图》《三大士图》《帝释梵天礼佛图》等壁画为例，重点讲解了法海寺明代壁画的主题、色彩、线条、绘制手法、华美的服饰和精致非凡的纹样，指出法海寺壁画工艺的独特之处在于使用沥粉贴金的手法。工匠通过在壁画表面贴金，使画面高出物面，赋予壁画厚度、硬度及华贵的感觉，同时可增加立体感。最后，陶君副所长表示，法海寺壁画的研究价值极高，目前对于壁画的修复、保护与数字化复原的工作亟待开展，期望学员在文化与科技融合发展的新时代，利用好这样的非物质的文化资源来进行传承与创新，用新型技术如多媒体、虚拟现实与数字化摄影还原等手段实现永久的保存。

6. 首都博物馆

2022 年 8 月 7 日，"中国传统服饰艺术数字化人才培养"项目全体成员赴首都博物馆进行学术考察，参观了多个展览，如"燕地青铜艺术精品展"以"云雷纹高足豆""伯矩鬲"等青铜器为代表，展示了北京的青铜文化既具有与中原文化的高度同一性，又呈现出多元文化交融的独特面貌，是北京数千年民族融合与文化交流的历史见证；"古代玉器艺术精品展"以"青玉白夔凤纹子刚款樽"与"青玉龟巢荷叶佩"为代表，展现了古人把玉与中华民族的民族性格、文化传统、道德观念紧密结合，形成了富有民族特色的文化现象；"千年宝藏 盛世重光——北京古代佛塔文物展"以"黄檀木观音菩萨像"与"宋青白釉反瓷观音菩萨像"等文物为代表，展示了佛教在北京的长足发展，留下了寺庙、佛塔、造像、佛画、法物等种类繁多、内容丰富的艺术品，为古都北京增添了绚丽多彩的文化魅力，展示了古都背景深厚的佛教文化底蕴、独特的佛教文化风貌，以及建筑、雕塑和各种工艺等发展水平。

7. 中国工艺美术馆、中国非物质文化遗产馆

2022 年 8 月 13 日，"中国传统服饰艺术数字化人才培养"项目全体成员到中国工艺美术馆与中国非物质文化遗产馆进行学术考察。学员们重点参观了"丝路丹青——丝绸之路沿线壁画传摹"。作为国内在壁画临摹、研究方面规模最大、跨度最大的一次集中展出，本次展览体现了艺术家和文保工作者共同协作的成果，在壁画技艺传承和艺术实践上有重要参考价值。这项工程是新历史条件下，共建"一带一路"，加强文明对话，共同构建人类命运共同体，共同创造更多更优秀的人类文明重要成果。丝绸之路沿线壁画以独特洞窟形制、文化内容和壁画风格，展示出佛教文化及艺术传播的历史轨迹，是古代东西方文化交流的结晶。这些壁画作为丝绸之路的重要文化遗产和实物资料，使相关历史文献有了可靠的验证和补充。丝绸之路也是一条文化之路、美术之路，沿线石窟壁画是传统美术重要组成部分，其媒介、颜料、

绘画技艺、壁画内容、艺术风格的传摹保护与创新，是一个体系化的工程。

8. 腾讯公司

2022 年 8 月 16 日，"中国传统服饰艺术数字化人才培养"人才培养项目全体成员在腾讯公司进行了参观与交流。学员们参观了腾讯公司微信、腾讯云、AI 影像、智慧生产、腾讯新闻、腾讯影业等多个主体展厅。随后，项目成员同腾讯方就游戏的创新发展进行深入讨论交流，该交流会由腾讯公司张玉玲老师主持。首先，丁肇辰教授详细介绍了项目的概况，接着，由黄蓝枭老师带来了《王者荣耀：从游戏到 IP》主题讲座，从非完全信息的对称博弈的角度，为我们介绍了基于东方文化的游戏——王者荣耀。然后由王者荣耀的角色美化师通过敦煌貂蝉等角色案例为大家讲解游戏角色如何基于传统艺术进行创新

设计。随后，由腾讯公司武艺老师为大家汇报国产游戏中传播中国传统文化的数据报告。通过报告得出结论国产手游活跃度越久其传统内核更多，通过符号性活用传统文化的元素和形式，通过知识性融入传统文化的知识信息。最后，大家就游戏传统继承与创新发展进行了交流。在传统继承方面应坚持游戏中传统文化的正确性与真实性，在创新发展方面可以与时尚领域结合，使国产手游可以多维度地发展。

项目总结
PROJECT SUMMARY

      2022 年 8 月 21 日，由北京服装学院主办的 2020 年度国家艺术基金"中国传统服饰艺术数字化人才培养"项目（2022 年执行）举行集中授课环节结业仪式。结业仪式由北京服装学院贾荣林校长与丁肇辰教授主持，各位学员依次进行发言并做出总结。"中国传统服饰艺术数字化人才培养"是国家艺术基金在中国传统服饰研究和数字化技术领域内的首个人才培养项目，项目的实施和成果对全球时尚教育发展有着十分重要的推动作用。因此，北京服装学院"中国传统服饰艺术数字化人才培养"项目组精心谋划，高度重视，在项目实施中确保了以下三点：

01
科学统筹、合理规划，
坚实课程基础

　　科学系统的课程体系是培训项目成功的核心要素。项目组积极发挥学科专业优势，经过咨询相关领域专家和集中研讨论证，确立了本次培训的课程体系，分为三大模块：专家授课、学术考察、学术沙龙。

1. 专家授课

　　专家授课融会贯通古今中华文化体系，从传统服饰文化理论、传统服饰研究案例、数字化艺术等角度切入，站在数字技术与艺术的前沿来探索传承与创新的方法和手段，从而助力中国文化自信的树立和表达。

2. 学术考察

　　项目组在专家学者的带领下对国家博物馆、民族服饰博物馆、北京艺术博物馆、故宫、法海寺、首都博物馆、中国工艺美术馆、中国非物质文化遗产馆、腾讯公司总部进行了学术考察活动。通过多次实地学术考察学习活动，项目组成员受益匪浅，在传统服饰数字化创作和学术研究方面积累了丰富的素材和艺术灵感。

3. 学术沙龙

　　项目组多次组织学员进行学术沙龙和研讨活动，通过学术沙龙活动，学员和老师们围绕"中国传统服饰艺术数字化"主题，结合自身研究经历和专业方向，从传统服饰理论、传统服饰复原、传统服饰的数字化技术等方面进行了分享。每次学术研讨会最后，学员以自由发言的形式相互沟通交流，各抒己见，深入讨论中国传统服饰艺术数字化相关议题。

02

优选学员，广聚名师，
打造高水平师生团队

  2021 年 11 月 7 日国家艺术基金"中国传统服饰艺术数字化人才培养"项目正式启动报名程序，至 2021 年 11 月 22 日报名截止，共收到 100 份报名材料。项目组组织专家对报名材料进行严格审查，按照《国家艺术基金艺术人才培养资助项目实施指导意见》中的相关规定，在严格按照"在本行业具有一定影响力，获得省级以上奖项或承担省级以上研究课题且成果较为突出的；取得本专业副高级（含副高级）以上职称；取得与本专业相关硕士研究生学历或连续从事本行业工作满 10 年以上，且有较大发展潜力"的规定的基础上，对报名人员的学术水平、实践能力、传播能力等方面进行考评、报国家艺术基金管理中心审核，最终确定入选学员 20 名。

  高水平的授课教师队伍是项目高质量完成的关键，项目邀请了众多来自高校和行业的国内外专家学者亲临现场进行指导，授课时长一般为半天，34 天的课程邀请了 53 位专家。虽增加了协调难度，但力争保证授课质量和内容聚焦。开课之前，项目组与专家沟通项目性质、实施目标、学员基本情况、课程体系安排等信息，使专家对项目和学员有了较全面的了解，更有针对性地进行备课，达到因材施教的目标。

03

建章立制，强化管理，
完善项目实施的制度体系

一是严格按照国家艺术基金管理中心制度规定实施项目，并根据项目执行的各环节细化了相应的管理制度和协议。如《项目学员遴选办法》《项目集中培训管理协议》《项目授课专家聘用协议》《结业论文规范》《学员课堂学习管理办法》《学员参访管理办法》《学员疫情防控管理办法》等，规范学员行为，明确教师责任，保证培养质量。

二是为保证学员全身心投入学习，项目组从学员遴选阶段就与学员进行了沟通，把能够全程参与课程集中学习作为录取的必要条件，并通过出勤、课堂学习、参访、结业要求等相关制度建设规定了学员的行为规范。在项目实施中，严格考勤和请销假制度，严格执行疫情防控政策，确保学员全程参与集中授课。

三是注重项目组自身组织建设，组织老师和研究生志愿者参与项目管理和服务。项目负责人对项目实施进行统一调度，并全程跟班。通过定期召开项目组会议和微信群沟通，及时全面掌握项目运行状况，查漏补缺，协调合作。同时，强化学员自我管理能力。项目进行了班级建设，推选了班长、副班长，并为学员安排了随堂班主任，建立了微信群，信息沟通顺畅，信息反馈及时。

传承和发展中国传统服饰文化，是新时代中国特色社会主义文化建设的重大工程。项目虽已圆满完成，但是以数字化手段传承和发展中国传统服饰文化依然任重道远。回想前辈们在艰辛的条件下研究中国传统服饰，走过了筚路蓝缕的道路才取得了如今的丰硕成果。今天的我们不能停留在前辈们的研究成果上裹足不前，而应该运用数字化的手段继续将中国古代服饰研究向前推进，传承和发展中国传统服饰文化。

学员感悟
STUDENTS' WORDS

学员访谈

1. 对哪一位授课专家的讲座影响深刻？对您的研究有何帮助？

　　陈芳老师提倡的从物质文化角度对传统服饰进行研究的观点为我们提供了一个服饰研究的新方法和新思路。目前传统服饰研究多着眼于礼制服饰及其形制，且研究方法单一。而透过物质文化的视角，可以将传统服饰研究拓展到社会学、考古学、人类学、经济学、艺术学、民族学、历史学等多个领域，推动传统服饰研究向多元化、纵深化发展，为传统服饰的研究开辟了一个全新的方向。北京邮电大学移动媒体与文化计算北京市重点实验室主任赵海英教授的主题讲座《智能时代下的传统文化数字化》，在三个方面也给予我深刻的启发。首先是躬耕学术基础，在交叉学科的链接上适时提出最新的观点并立即执行；其次是提到的文化计算、数据标签化、基因库的概念，对我的研究视野来讲从数据库到基因库的转换提供最直接的引导；第三个方面是从纹样数字化提取入手，文化资源数据标签化研究，构建中华民族的传统纹样基因库，做大做强中华文化素材库的系统规划。

2. 在探索和研究中国传统服饰文化的过程中，您发现了哪些问题？

中国传统服饰文化具有深厚的历史积淀，然而随着时代的发展，很多重要的文化精髓正在逐渐消失。中国传统服饰文化的发展存在一定的滞后性，不能与现代服饰文化高效衔接，因而更容易受到冲击，很多传统服饰文化无法流传，甚至被直接丢弃。此外，缺乏健全的激励制度和适合的管理控制手段，特别是相关法律法规的缺失，也导致传统服饰文化无法获得积极有效的传承与保护。

3. 您对中国传统服饰文化海外传播有哪些建议？如何实现？

推动中国传统服饰文化的海外传播，利用互联网是最为便利有效的方式。对中国传统服饰文化进行数字化并通过网络传播，可以不受时间地点等因素的限制，尤其可以将一些热门的娱乐方式和互联网平台结合。

4. 您觉得中国传统服饰文化对美育有没有影响？该如何运用传统服饰文化实现美育？有何对策？

对于美育教育，中国传统服饰文化的话语权必须越来越重要。相关研究表明，孩子在 2.5~5 岁有一个"审美敏感期"，也就是在幼儿园教育阶段，提供传统服饰文化的美育材料可以很好实现，如绘本、科普活动、主题活动等加大传统服饰文化的植入分量。要运用传统服饰文化实现美育，应积极将传统服饰文化资源转化为丰富的美育实践，如设置丰富多样的传统服饰文化课程或讲座、建立传统服饰文化艺术基地、发展传统服饰文化艺术社团等，使参与者在实践中亲身体会中华传统服饰的形式美、设计美与内涵美，从多角度、深层次获得美的体验，提高审美素养。

5. 您如何看待中国传统服饰艺术数字化的发展现状？

中国传统服饰艺术数字化现阶段主要表现在：传统服装服饰的数字化采集和模拟仿真、服饰图案和传统纹样的数字化提取、传统服饰技艺的数字化复原和再现。它们基本涵盖了对中国传统服饰艺术的数字化解读，但是还存在信息碎片化和数字化呈现方式的概念化，需要我们从考古、史论和数字媒体等跨学科入手，构建系统的中国传统服饰数字化计算性设计。

6. 如果要对某个民族的传统服饰进行数字化采集与呈现，您计划怎么做？

对民族传统服饰进行数字化采集和呈现时，除了记录其来源、款式、材质、装饰图案等基本信息外，还应包含其外围相关内容，如服饰的制作工艺、穿戴搭配、民俗应用、历史传承等数据。根据实际情况和需求，通过图文扫描、立体扫描、全息拍摄、数字摄影、运动捕捉等数字化技术对这些数据进行记录和表现，存储为文字、图像、三维模型、视频、音频等格式，建立一个系统完备的民族服饰数字化资源库，实现对民族服饰文化的全方位保护和展示。

7. 您是否看到了数字化发展的趋势？

数字化是博物馆未来发展的必然趋势。通过计算机、互联网、多媒体等先进技术的运用，博物馆可以将传统的日常工作和管理内容与计算机网络紧密结合，以数字化的方式实现收藏、展示、研究、教育等各类功能，创建博物馆网络化、数字化和虚拟化的新形象，更好地服务于社会公众。

8. 您认为博物馆的数字化展览有哪些意义？该如何在此领域寻求进一步的突破？

在博物馆展览中，数字化技术的应用可以使博物馆突破时间与空间的限制，赋予文物生动性和互动性，让观众有更直观、更丰富的视觉体验，增强观众的文化体验感，扩大博物馆的社会影响力与文化传播力。

9. 结合本次课程，谈谈您对数字时尚的观点？

数字时尚的兴起是当前时代的必然产物，通过虚拟数字环境构建时尚，不仅能够节约能源，减少对环境的破坏，更可满足对时尚前卫的探索，为未来数字世界的时尚行业演进打下基础。

10. 您认为刺绣纺织品的数字化呈现存在哪些不足？

刺绣纺织品的呈现目前主要集中在记录图片图像的二维数字化方面，三维的细节展示可以从刺绣的技法入手，动态化展示和传承技艺。

学员寄语

孔凡栋：感谢北服项目组的精心安排和统筹，37 天的课程具有极高的学术高度、广阔的学术视野、新锐的学术前沿、创新的研究方法、深度的产业实践。感谢国家艺术基金对项目的整体构架和指导。感谢项目中各位学员老师的相互交流、分享和帮助。每一位老师像一粒种子在各自的学校、省份和研究领域生根发芽，共同推进中国传统服饰艺术数字化，让文物活起来，让中国美传播出去，让传统传承下来，让青年人爱上中国传统文化和礼仪。

曹翀：我的第一个感受是"长见识"，上至溯源秦汉，下至畅享未来，带给了我们广度和深度极高的学习和观摩体验。第二个就是"再思考"，37天打破了我对传统服饰和数字化的原本定义，促使我去思考在未来研究中能够做什么？数字化技术可以用来探寻传统流变，弘扬华服风貌。这个领域蓬勃发展，大有可为，值得我们深入探索和合作。感谢国家艺术基金和北服老师们辛苦统筹组织！

刘凯旋：感谢国家艺术基金和北京服装学院集结中国传统服饰艺术数字化的高水平科研、学术、产业团队，能参与全国首个将中国传统服饰研究与数字化技术结合的国家艺术基金人才培养项目非常荣幸，祝各位学员老师完成出色的作品，祝项目圆满成功。

王竹君：我将项目汇聚成两个词"感恩"和"祝福"，特别感谢北服和国家艺术基金给我这个学习的一个机会，能够让我的知识体系更加有系统、有深度、有高度、有广度，最后祝愿各位学术人才未来生活幸福、学术之树长青。

齐欢：感谢国家艺术基金、北京服装学院提供的学习平台，项目培训组织得力，授课师资队伍实力之雄厚前所未见，通过学习交流、实践探索，使我感受到研究者的专注、企业家的坚持、和优秀者同行的温暖。学习结束了，研究无止境，未来我要坚持以中国传统服饰艺术为创作导向，开拓探索数字化创新途径，努力创作更多无愧于时代的优秀作品。

信晓瑜：国家艺术基金给我们提供了如此难得的一次学习机会。专业领域内顶级专家的授课让我们能在短时间内吸取老师们长期耕耘得到的成果精华，加上优秀的同学们无私的分享也使我获益良多。尤其感谢丁肇辰教授，让我明朗了未来的研究方向，也希望大家未来能够更紧密地联系在一起，多多交流，共同进步，一起探索传统服饰数字化的未来。

夏飞：通过系统学习几十位各行业顶级大咖的专业讲座，让我了解了当前国内外服饰艺术与数字技术的发展与趋势；通过调研博物馆、企业，让我有机会近距离接触到珍贵文物和专业工作者；通过专业导师的亲自指导让我对研究的课题有了新的认识和思路。在此，真诚地感谢北京服装学院提供的这次宝贵学习机会，也感谢在项目中结交的各位优秀同学。

周莉：非常感谢国家艺术基金给予这次学习的机会，让我们在学术视野上不断拓宽、在以后的研究道路上也有更多的思考；整个的学习过程中，大家互相交流共同进步，期待群雁齐飞，共创学术辉煌。

吴江：感谢国家艺术基金和北京服装学院，今后我们都要回到各自的工作岗位努力奋斗了，在此祝愿大家担好两个身份，一个是为师时我们传道授业解惑，另外一个就是为生时我们博闻强识、海纳百川。最后，与君共勉，不负韶华。

赵晓丹：感谢项目为我们安排了如此丰富多彩的课程内容，感谢各位专家老师们的精彩授课，从中我收获了很多新的知识和友谊，期待大家今后能够有更多的交流与合作，不负韶华。

魏娜：感谢国家艺术基金对中国传统服饰艺术数字化项目的肯定，感谢北京服装学院组建了国家高水平的授课团队，展现了北京服装学院的学术高度。在中国传统服饰研究的旗帜下，我会全情投入，争取完成高水平的学术成果，致力于中国传统服饰数字化研究和创新实践。

王艳晖：很荣幸听到众多专家的讲座，我的收获很多，未来我将向大家去学习，更好地进行教学、科研和数字化探索。

刘远洋：感谢北服主办的国家艺术基金人才培养项目，让我在短暂的时间中学到了更多知识。

袁燕：感恩国家艺术基金和北京服装学院，这次学习机会既拓展了我的专业认知，也让我了解到学科的前沿发展，培训学习的每一天都十分充实。在这背后是北服的实力和北服人的辛勤付出，祝愿各位同行在未来生活美满，成果多多！

张居悦：感谢项目组邀请众多来自中国社科院、清华大学、北京大学、中央美术学院以及首都各个知名高校的专家、教授和行业大咖前来授课，让我们在 37 天的课程中感受中国文化多元一体的魅力！作为羌绣的国家级传承人，对今后少数民族服饰和技术的传承创新有了新的想法和更强的动力！

靳伟：非常感谢国家艺术基金项目，能够让我在工作的时候还有 37 天的时间投入学习当中。机会来之不易，希望大家未来能够越来越好。

于晓洋：非常荣幸能够和各位来自全国的服装服饰文化研究、服装数字化研究的专家和老师一起，在国家艺术基金的支持下，进行了 37 天的学习和交流。在项目的学习中，了解和感受到目前中国传统服饰艺术数字化的研究前沿和现状，希望以后能够与大家有更多的有关服饰、3D 新媒体艺术方面的合作。

方晴：非常荣幸国家艺术基金选择了我这样在一线代表市场端的学员。通过学习打开了我对传统文化认识的维度，感知到了其背后美的深意；在传统文化数字化的探寻中备受鼓舞还结交了优秀的同学。未来我将付诸实践，以文化自信的力量感染更多人。

徐娜：感谢北京服装学院能够给我这次全身心投入学习的机会。参加项目之前很困惑传统与数字化如何更好地去结合去融合，经过 37 天的学习找到了很多的连接点和创新点，扩展了专业知识，提升了科研能力。

张梦月：非常荣幸能参与北服这次为期 37 天的中国传统服饰数字化项目，这为我的专业学习打开了一扇大门。学习过程中，有各位专业老师关于服饰材料、技法、结构、色彩、纹样、图案等的考古与方法分享，关于数字化方法、工具、应用方面的实践探索，更有各种博物馆、专业机构的实地考察，丰富、密集的课程安排对我起到了非常重要的引领作用，这将是我一生的宝贵财富。

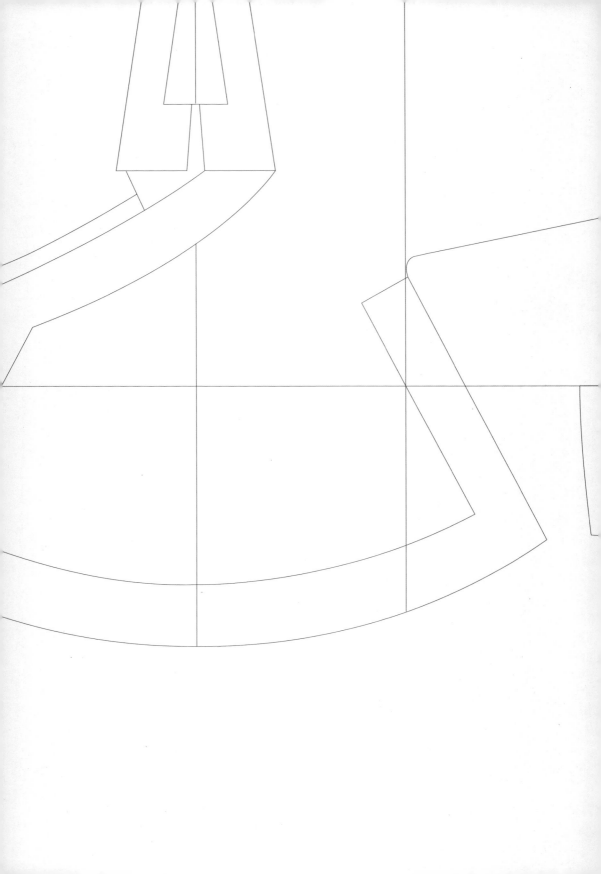

中国传统服饰艺术
数字化研究与实践

传承和发展中国传统服饰文化，是新时代中国特色社会主义文化建设的重大工程。党的十九大以来，习近平总书记特别强调，要"讲清楚中华文化积淀着中华民族最深沉的精神追求，是中华民族生生不息、发展壮大的丰厚滋养"。

　　"中国传统服饰艺术数字化人才培养"项目成果旨在传承和弘扬中华优秀传统文化，是学员们结合自身专业所长和相关资源完成的高质量、高水平作品。这些作品立足于当代的审美，服务当下的生活方式，以现代的、科技的数字技术传承传播中国传统文化，为中国传统服饰文化的数字化提供了丰富的经验。下一步，项目将与各位学员保持最密切的联系，展开更深层、更久远的交流与合作，促进中国传统服饰文化的数字化发展与提升，切实发挥国家艺术基金资助项目的综合效益，为国家、为民族的服装文化艺术发展做出贡献。

数字化

中国传统服饰

刘凯旋

西安工程大学
服装与设计学院副院长 教授 双博士

刘凯旋，1984 年生，中国国民党革命委员会党员，西安工程大学服装与艺术设计学院副院长、教授，博士生导师，双博士、博士后（法国里尔第一大学计算机工程专业博士学位和东华大学服装工程专业博士学位，法国高等艺术与纺织工艺学院下属法国纺织材料与工程国家重点实验室博士后），陕西省千人计划青年项目，陕西省青年科技新星，陕西省高校青年杰出人才。

研究领域

服装 MR/AR/VR、服装设计智能化、纸样交互设计、中国传统服饰文化等。

研究课题及成果

(1) 已发表 SCI/SSCI/AHCI 检索论文 50 余篇。
(2) 主持国家艺术基金、国家自然基金、教育部后期资助重大项目 "汉代服饰款式、结构图考及三维虚拟仿真研究"（项目编号 22JHQ008）等 17 项纵向科研项目。
(3) "A mixed human body modeling method based on 3d body scanning for clothing industry" 获罗马尼亚国家科技创新博览会发明奖金奖。
(4) "A consumer-oriented intelligent garment recommendation system" 获欧洲创意与创新博览会科技奖金奖。
(5) "3D Interactive garment pattern-making technology" 获陕西省第十四次哲学社会科学优秀成果奖一等奖。
(6) "服装虚拟仿真关键技术研究及应用" 获中国纺织工业联合会科技成果优秀奖。
(7) "服装虚拟仿真关键技术研究及应用" 获陕西省科学技术进步奖三等奖。
(8) "基于人工智能与增强现实技术的服装设计类课程教学改革与实践" 获中国纺织工业联合会教学成果奖一等奖。
(9) "3D Interactive garment pattern-making technology" "Parametric design of garment pattern based on body dimension" 获陕西省高等学校人文社会科学研究优秀成果奖一等奖（2 次）。

中华服饰历史变迁虚拟仿真

刘凯旋

《中华服饰历史变迁虚拟仿真》通过分析中国历代壁画或出土文物中人物服饰款式、纹样、色彩、结构与工艺，应用数字化技术对中国历代服饰款式进行绘制，进而应用逆向工程技术复原中国历代服饰的结构图，最后应用虚拟仿真技术对周、汉、魏晋南北朝、唐、宋、元、明、清时期服饰的整体形制进行三维虚拟仿真与动态复原，展现了中国古代服饰的发展历程，对保护和传承中国古代服饰、弘扬中国古代服饰文化有重要价值。

用数字化技术手段对中国传统服饰进行数字化复原，能够很大程度避免中国传统服饰文化的衰退甚至消亡。数字化保护可以完整、准确、真实地永久保存中国传统服饰信息，形成传统服饰的数字档案，通过进一步的数字化利用，经过深度加工和挖掘，可以为中国传统服饰文化的保护、研究及展示传播提供有力的支撑，坚定文化自信，对民族文化内在精神、外在物态及民族文化集体记忆的诠释，有助于铸牢中华民族共同体意识。

中国传统服饰文化是中国优秀传统文化的重要组成部分。服饰在历史的长河中不断变迁，各个时期的传统服饰共同构筑了中华服饰的华章。

夏商周时期，作为中国古代文献记载最早的封建王朝时期，此时服装的功能已不仅是保暖、装饰等，而开始具备了身份阶级象征的功能。夏商周时期的服饰主要形制是上衣下裳。

图 1 周朝服饰
Fig.1 Zhou dynasty costume

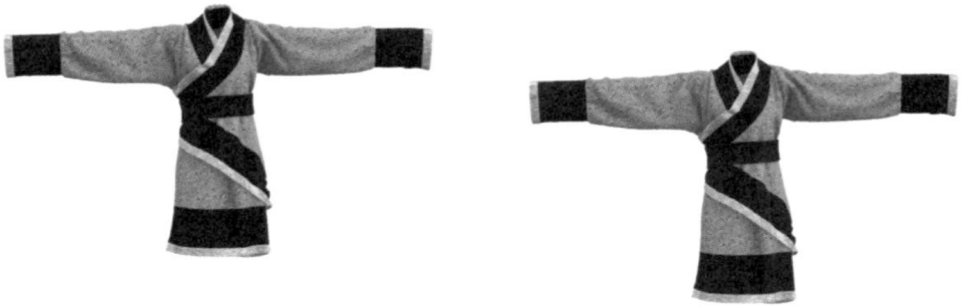

图 2 汉朝服饰
Fig.2 Han dynasty costume

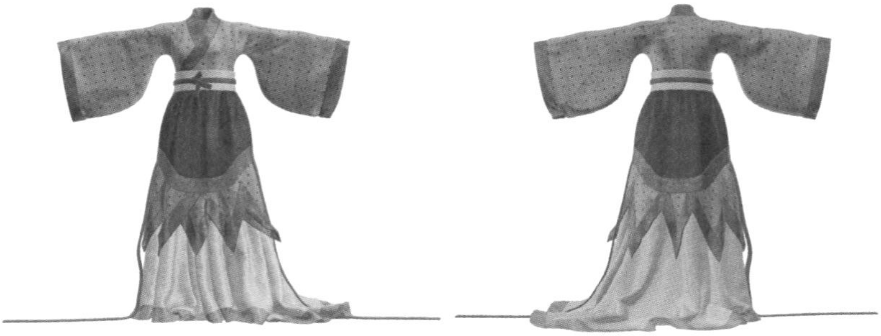

图 3 魏晋南北朝服饰
Fig.3 Wei Jin Northern and
Southern dynasties costume

图 4 唐朝服饰
Fig.4 Tang dynasty costume

秦汉时期的服装仍以深衣制袍服为典型服装样式，分为曲裾和直裾两种。除此之外，汉代的典型服饰还包括男士所着的襦裤及女士穿的襦裙，其形制是短上衣，上下分开。

在魏晋时期，服装上依旧是以衫、襦、裙为主，大袖衫袍服盛行一时。裤褶与裲裆就是此时出现的较为经典的服装样式。裤褶为上衣下裤，可直接外穿。裲裆由前后衣片组成，后来称为背心。该时期出现的杂裾垂髾服是魏晋女服中的礼服，衣两侧有尖角，是较有代表性的服装。

唐初女装衣裙依旧窄小，在中唐以后"胡风"的影响逐渐减弱，女装愈加肥大。唐朝女装的基本形制是上衣为：衫、襦、袄、帔帛，常加半臂，下装：裙。男装一般形制是以上衣：袍、襦、衫、袄和半臂为主，下衣：裳与裤。

　　宋朝服饰大致上沿袭了隋唐旧制，但多了一些内敛与严谨。宋朝女装上衣形制以衫、襦、褙子、抹胸为主，下装有裙与裤。男子服饰形制以袍、襦、袄、衫、衣、褙子为主。

　　元代最主要的服饰是蒙古的"质孙服"，即全身上下的服饰都用一种颜色，整体服饰非常单调。在元朝，没有统一的服饰体系，所以平民多穿汉服，如女子穿汉族襦裙。元朝的服饰形制有袍、衫、襦等，同时在该时期辫线袄较为流行。

　　明朝建立之后便开始禁胡服，并开始恢复汉人服饰制度。明代女子服饰主要形制为衫裙、袄、比甲和褙子等。男子以袍、衫为主。

　　清朝是满汉文化交融的时期。清朝服饰不同于汉族的宽袍大袖，而是窄袖、袍褂。清朝的汉族妇女服饰还是承明制，上身袄、衫，下身以束裙为主，满族妇女着旗装。男子服饰有袍、衫、褂、袄、裤等。

图 5 宋朝服饰
Fig.5 Song dynasty costume

图 6 元朝服饰
Fig.6 Yuan dynasty costume

图 7 明朝服饰
Fig.7 Ming dynasty costume

图 8 清朝服饰
Fig.8 Qing dynasty costume

　　为更好地保护、传承与弘扬传统服饰文化,《中华服饰历史变迁虚拟仿真》借助数字化手段对中华服饰的历史变迁进行虚拟仿真主要包含两部分的内容:三维交互式服装纸样开发和基于版片的服装快速建模。首先依据出土服饰图片,抽取正反面轮廓线,并根据技术需求对轮廓线进行适当优化;将轮廓线所围成的区域视作初始版片,通过虚拟缝合技术构建服饰的初始模型;通过调整初始版片,使得服饰的初始模型逐渐向曲面展开所需的服饰最终模型过渡;将最终模型的表面在不改变模型原有表面积的情况下尽可能地展开,以消除模型表面褶皱;依据出土服饰的实际分割线,在去除褶皱的服饰模型表面绘制三维结构线;由绘制的三维结构线在服饰模型表面围成封闭的三维结构面;展开所围成封闭的三维结构面获得二维服饰初始纸样;依据相应的服饰专业知识调整初始纸样,获得调整后的中间纸样;依据中间纸样,应用虚拟仿真技术构建服饰的三维模型;最终通过渲染服饰三维模型获得不同角度的中国历代服饰的仿真图片和动态展示视频。

中华服饰

历史变迁

虚拟仿真

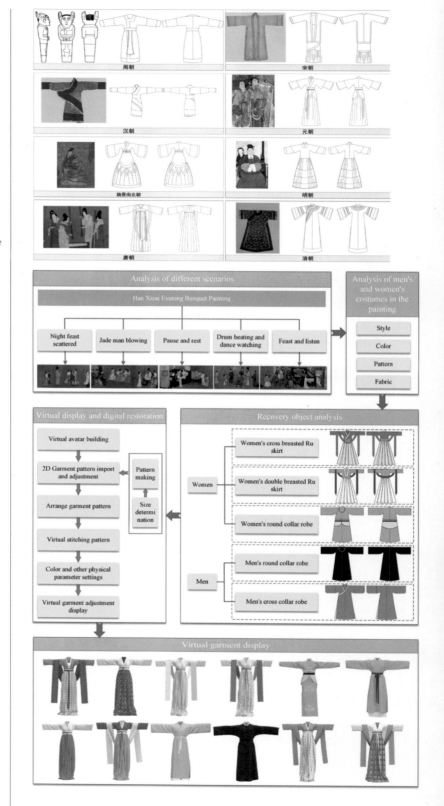

图 9 原图及线稿
Fig.9 Original drawing and line draft

图 10 成果图
Fig.10 Map of results

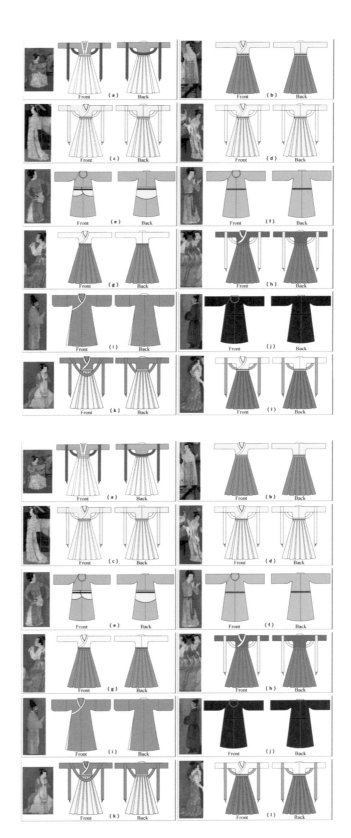

图 11 成果图
Fig.11 Map of results

图 12 成果图
Fig.12 Map of results

孔凡栋

浙江理工大学
服装学院副教授

孔凡栋，浙江理工大学副教授，硕士生导师，中国美术学院在读博士，加拿大纽芬兰纪念大学访问学者，国家社科基金艺术学项目、国家社科基金后期资助项目评审专家，全国艺术科学规划项目成果鉴定专家。

研究领域

服饰史论与设计理论、数字化服装设计、时尚产业与服装品牌。
包括服装产品开发、设计与营销的交叉、服饰文化等。

研究课题及成果

（1）主持国家社科基金艺术学项目 2 项："南宋至清末江南首服变迁史"（项目编号 21BG134），"中国发型发饰史"（项目编号 15CG161）。

（2）主持山东省软科学计划项目 1 项："提升"鲁派"服装产业品牌创新能力研究"（项目编号 2016RKB01053）。

（3）在中外学术期刊上发表学术论文《唐宋时期孔子庙像改王者之服的讨论》《汉代画像中的孔子服饰解读》《汉族婴儿胎发式样研究》等30 余篇（其中南大核心 4 篇，北大核心 5 篇，EI 检索 3 篇）。

南宋赵伯澐墓出土服饰数字化复原

孔凡栋

古代服饰是中华文明宝贵的历史遗产，保护传统文化是当代重要的研究课题，但展出珍贵的文物会有损坏的风险，将传统服饰进行数字化复原能有效以虚拟展出的方式解决这一问题，且借助科技手段有助于传统服饰文化更广泛地传播。《南宋赵伯澐墓出土服饰数字化复原》以黄岩南宋赵伯澐墓墓主人所穿的十六件服装作为研究对象，分析其结构尺寸和面料纹样，利用 style3D 软件系统对其进行数字化复原。这一做法能有效将文物保护、文化传承与信息化、数字化结合起来，为传统服饰的传播提供了新思路，能推动中国古代服饰的传承与发展。

黄岩南宋赵伯澐墓于 2016 年发现，共出土服饰文物七十七件，出土服饰形制丰富、织造工艺精湛、纹样题材多样，体现了当时高超的丝织技术，堪称"宋服之冠"。张良曾撰写《宋服之冠 黄岩南宋赵伯澐墓文物解读》，详细解读了出土的服饰文物。中国丝绸博物馆也曾策展"宋府丝韵 黄岩南宋赵伯澐墓出土服饰展"，向大众展现了宋代男装的魅力。然而，现代考古出土的文物大多极其脆弱，经过时间的沉淀，墓中的丝织品文物往往会破损残缺，虽经过现代人的修复，也无法确保文物在展出过程中不受到损坏，并且实体文物展出往往会受到时间和空间的限制，不利于中国古代服饰文化的广泛传播。在此背景下，利用服装建模软件将古代服饰进行数字化复原为文物展示提供了便利，并能有效将文物保护、文化传承与信息化、数字化结合起来。

南宋赵伯澐墓

出土服饰

数字化复原

赵伯澐（1155—1216）系宋太祖赵匡胤七世孙，过世后以八品官员的级别入殓。研究发现赵伯澐入殓时穿着十六件衣物，被分作八层穿着，形制多样。上衣有交领衫、对襟衫和圆领袍，裤有合裆裤、开裆裤和胫衣，领型有合领、交领、圆领和盘领，袖子有广袖、大袖、窄袖。除了穿着于最外层的圆领素罗大袖衫为公服之外，其余都为平日所穿的燕居之服。服装展现出宋代士大夫着装简朴素雅、自然闲适的特色，少装饰，整体呈现典雅的格调。

《南宋赵伯澐墓出土服饰数字化复原》使用三维展示技术将赵伯澐墓出土服饰的数字化复原、呈现。在进行数字复原之前，首先要对赵伯澐所着服装的结构特点及尺寸、服装的面料和纹样两方面进行分析。其次，根据考古学家对赵伯澐尸身的考察，在 style3D 软件系统中设置出一个与其身高体型相仿的人体模型，以便后续步骤的进行。为了更好地展示复原服饰的各项细节，除了最基本的虚拟模特试衣展示之外，还制作了服饰的平铺展示与模拟赵伯澐墓墓主尸身八层服饰叠穿的效果展示。

在数字时代，如何对将中国古代的服饰文化进行数字化表达，让其与文学、艺术、宗教、哲学、审美等诸多方面有机地结合起来，进行既有趣味又不失学术性的呈现。《南宋赵伯澐墓出土服饰数字化复原》为传统服饰文化的传承与发展提供新的思路。将传统服饰进行三维建模的数字化展示，不仅能避免实体文物展出过程中的损坏问题。而且便利、易于展示。但是数字化复原也要保持理性，要基于对文献、实物、图像的多方考证，才可以保证复原服饰的准确性。

图 1 交领绢面单衣（左）
绢面合裆单裤（右）
Fig.1 Cross-collar silk single (left)
Coat single pants with silk
crotch (right)

图 2 对襟缠枝葡萄纹绫袄（左）
绢面合裆锦裤（右）
Fig.2 Cloth jacket with grape
pattern (left)
Silk-crotch brocade pants (right)

图 3 交领绣球梅花纹绫袄（左）
绢面开档锦裤（右）
Fig.3 Cross-collar embroidered
ball and plum blossom pattern
damask coat (left)
Silk open-faced brocade pants
(right)

图 4 交领火焰纹花绝夹衫 + 梅花
纹罗带（左）
绢面合裆夹裤（右）
Fig.4 Cross collar flame pattern
flower twisted clip shirt + Plum
pattern ribbon (left)
Silk crotch clip pants (right)

南宋赵伯澐墓

出土服饰

数字化复原

图 5 交领山茶纹绉夹衫（左）
书卷团龙纹绫开裆裤（右）
Fig.5 Cross neck camellia pattern
twisted clip shirt (left)
Book scroll doughnut dragon
print damask open crotch pants
(right)

图 6 交领花卉方胜如意纹
绉夹衫（左）
芝麻绮开裆夹裤（右）
Fig.6 Cross beck floral square
victory ruyi pattern twisted clip
shirt (left)
Sesame cherry open file clip
pants (right)

图 7 圆领梅花纹罗夹衫（左）
缠枝葡萄纹绫开裆夹裤（右）
Fig.7 Round neck plum pattern
rosette shirt (left)
Grapevine damask open-front
pants (right)

076

图 8 圆领素罗大袖衫（左）
菱格朵花纹绮合裆单裤（右）
Fig.8 Crew neck suro large sleeve
shirt (left)
Rhombus patterned crotch
single pants (right)

图 9 墓主人八套服饰叠穿
Fig.9 The tomb owner wore eight
sets of costumes overlapping

齐 欢

山西传媒学院
艺术设计学院副院长

齐欢，山西传媒学院副教授，硕士生导师，在读博士。山西传媒学院艺术设计学院副院长，中国好创意暨全国数字艺术设计大赛（山西分赛区组织委员会评审委员），山西省广播电视学校中级职称评审委员会成员，山西省一流课程"立体裁剪"负责人。主要从事中国传统服饰复原与创新设计，影视作品中的服饰语言表现等 方面研究。近年来，主持承担各类科研课题，完成"山西近代服饰虚拟 博物馆的研究"、参与"善化寺大雄宝殿彩塑服饰研究"等纵向课题、主持"山西平遥推光漆艺的文化创意研究"等横向课题，承担 2018 年 中华人民共和国第二届青年运动会礼仪服装设计、国际首届"一带一路"传统摔跤大会礼仪服装设计、第三届山西文博展、深圳文博重大活动服 装设计任务。

研究领域

中国传统服饰复原与创新设计。

研究课题及成果

(1) 主持"山西近代服饰虚拟博物馆的研究"。

(2) 参与"善化寺大雄宝殿彩塑服饰研究"。

(3) 主持"山西平遥推光漆艺的文化创意研究"。

中国古代壁画艺术活化演绎研究
——以舞蹈作品《仙游归一》为例

齐 欢

　　《中国古代壁画艺术活化演绎研究——以舞蹈作品〈仙游归一〉为例》针对中国北京法海寺《帝释梵天图》以及山西永乐宫《朝元图》壁画中典型的人物形象进行实地考察、图像分析、文献比较分析，从壁画服饰的款式、色彩、纹样等方面对壁画服饰形象进行数字化复原及创新设计。以舞蹈形式记录演绎古代壁画艺术中仙人的故事，探索中国传统服饰的传播媒介，通过"活态"色彩演绎千年历史风情，将服饰视觉、音乐、歌曲、舞蹈、声音等多种形式进行艺术融合，力求让历史文化遗产"活"起来。

　　法海寺在北京西郊翠微山南麓，明正统四年到八年（1439—1443）改建成"法海禅寺"。其重大价值和精华莫过于保存下来的明代大型壁画，其中《帝释梵天图》位于大殿内后墙壁两侧，壁画主要内容是以帝释梵天为首的二十诸天礼佛护法的行进队伍，是目前众多壁画中保存状态较好的，人物服饰细节及纹饰较清晰完整的。《朝元图》来源于中国古代永乐宫壁画。位于山西省芮城的永乐宫（又名大纯阳万寿宫），其精美的大型壁画具有巨大的艺术价值，不仅是我国绘画史上的重要杰作，在世界绘画史上也是罕见的巨制，整个壁画共有 1000 平方米。

图 1 永乐宫《朝元图》
Fig.1 Yongle Palace
"Chaoyuan Picture"

图 2 法海寺《帝释梵天图》
壁画
Fig.2 Mural painting of
"Emperor Shih Brahma's
Ritual to Buddha" at Fahai
Temple

中国古代壁画是世界艺术宝库的璀璨明珠，其价值在于向世人记录
了不同时期的社会历史、思想文化和精神视野。越来越多的学者专家、
壁画艺术爱好者走进壁画研究的队伍中。据文献数据分析发现，针对壁
画的大量学术研究中不乏对文化宗教、赏析评论、壁画服装绘画工艺技法、
壁画服饰设计、款式、色彩、纹样等领域的研究，尽管从数据分析来看
研究人数有所增加，但受诸多因素的影响，壁画的展示面有限。

《仙游归一》由山西传媒学院师生联合创作，该作品以国宝级文物法海寺《帝释梵天图》壁画中的鬼子母、菩提树神、拈花仕女等形象以及永乐宫《朝元图》壁画中的太乙真人、荷花玉女、西王母、水星仙子形象为研究对象，通过对其服装的款式、色彩、纹样、面料及妆容进行分析，利用文、图、实物比较互证法及图像分析法，对其人物形象进行实物复原创新设计，得到《仙游归一》舞蹈作品中仙人的服装效果图、服装款式图、面料纹样等。舞蹈服饰创作的亮点是利用数字化技术，从壁画中提炼出红、绿、蓝、黄、白色的服制色彩，完成了云肩服制的设计，体现数字化复原与现代服饰审美的创新融合。

　　数字化技术的不断发展为传统文化遗产保护方式提供了更多思路，当下探索中国传统服饰的数字化传播尤为关键。正如舞剧《只此青绿》以崭新的面貌呈现在观众面前，建立了一场观众与文化、传统与当代的对话，是一种全新的探索，打破了空间与时间的限制。中国传统文化与数字化演绎结合的方式，是中国传统服饰研究的未来方向，此次研究以舞蹈作品《仙游归一》为代表，将传统服饰文化与数字化舞台表演进行大胆的艺术融合，以学科和技术融合的方式，提高展示形式多样性，扩大受众面，探索传统服饰文化传播发展的更多可能。

图 3 鬼子母——服饰复原
Fig.3 Ghost Mother - Costume
Restoration

图 4 菩提树神——服饰复原
Fig.4 Bodhi Tree Sky - Dress
Restoration

图 5 天女护法单元影像
Fig.5 Heavenly Lady Protector-
Unit Image

图 6 太乙真人——服饰复原
Fig.6 Taiyi Real - Costume
Restoration

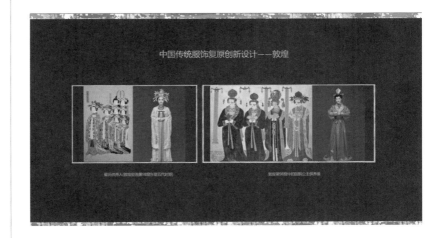

图 7 敦煌——服饰复原
Fig.7 Dunhuang - Costume
Restoration

图 8 宋光宗李皇后——服饰复
原
Fig.8 Empress Li of Song
Guangzong - Costume
Restoration

赵晓丹

云冈研究院
科员

赵晓丹，女，云冈研究院数字化保护中心科员，文博馆员。

先后参与了云冈石窟第 11 窟、第 15 窟、第 17 窟、第 19 窟等多个洞窟的数字化保护项目。参与《云冈石窟全集》《云冈石窟山顶佛教寺院遗址发掘报告》等书籍出版的实测线描图绘制工作。

研究领域

文物数字化保护、数字化考古绘图、石窟寺考古、云冈石窟的装饰纹样及服饰等方面的艺术表现形式和多元文化融汇的意义。

研究课题及成果

（1）参与山西省文物局"网上展览基础标准制定"课题研究工作，已顺利结题。

（2）在专业期刊发表论文三篇：《利用计算机软件绘制北魏平城板瓦考古线图的新方法》《数字摄影制图法在考古绘图中的应用探讨》《浅谈云冈石窟的装饰纹样》。

云冈石窟洞窟适老化 720° 全景展示

赵晓丹

近几年，全球社会老龄化问题日趋严重，"老年人群体"越来越受到重视。而虚拟现实技术发展日新月异，为了给爷爷奶奶们带来一场别样的体验，不出养老院，漫游全世界。《云冈石窟洞窟适老化 720°全景展示》以云冈石窟第 11 窟为例，借助于精准数据，复制还原云冈石窟，跨时空、跨地域展览皇家石窟的宏伟气质，打造虚拟旅游世界。

云冈石窟，古称武州山石窟寺，是公元 5 世纪中华佛教走向鼎盛阶段时由北魏皇家主持营造的大型佛教石窟寺，1961 年 3 月被国务院公布为全国首批重点文物保护单位，2001 年 12 月被联合国教科文组织列入世界文化遗产名录，2007 年 5 月成为国家五 A 级旅游景区。云冈石窟凿刻于侏罗系大同统和云冈统上部岩层的一个砂岩透镜体上，东西绵延 1000 余米。云冈石窟现存大小编号洞窟 254 个，其中主要洞窟 45 个，附属洞窟 209 个；留存各类佛教造像 59000 余尊，各种龛式、塔形和图案纹饰 20000 余处。云冈石窟第 1 窟到第 20 窟均为大型洞窟，基本处于同一水平线上，其中大像窟 11 座，最高的第 5 窟主尊佛像达到 17.4 米。石窟建筑造型多样，装饰富丽堂皇，绝大部分属于北魏皇家石窟。

云冈石窟佛像服饰的服饰主要有三种风格、五种类型。第一种是印度风格为主的袒右肩或偏袒右肩袈裟和斜披络腋式；第二种是以犍陀罗为主的希腊罗马风格的通肩大衣；第三种是中国儒家帝王风格的褒衣博带服饰和晚期西部诸窟的悬裳式服饰。"昙曜五窟"以印度马图拉服饰为主尊，犍陀罗通肩大衣服饰则为胁侍立佛的服饰。太和盛期的造像三种风格兼具，希腊罗马风格的通肩大衣减少，中国褒衣博带服饰增加，并成为此时期佛像的主要服饰，体现了北魏拓跋鲜卑不同时期的文化态度与民族自信。

云冈石窟

洞窟适老化

720°全景展示

图 1 云冈石窟
Fig.1 Yungang Grottoes

图 2 云冈石窟第 11 窟东壁太和七年（483）造像题记
Fig.2 Inscription of a statue from the seventh year of Taihe (483) on the east wall of Cave 11 of the Yungang Grottoes

　　云冈石窟第 11 窟是云冈石窟题记最多的一个洞窟。从众多的题记及雕刻布局的随意性可以考证，此窟为北魏孝文帝迁都洛阳时的遗留工程，属于国家出资修大洞、老百姓出资补小龛的洞窟。窟的造型为塔庙窟，中心塔柱高 13.3 米，分上、中、下三层。最下层四面开龛，各雕高约 8 米的立佛，其中南面主佛为释迦牟尼，舟形背光中绘有龙、花卉、火焰纹，两侧的胁侍菩萨像雕刻风格与北魏截然不同，头戴高冠，脖颈略长，帔帛交叉，长裙曳地，身材修长，清秀娟美，超凡脱俗，给人以清爽而宁静之感，很多专家疑为辽代补刻。中层南面雕交脚弥勒菩萨，面容丰圆适中，两旁为思惟菩萨像。最上层两侧刻忍冬纹，正中是手托日月、三头四臂的阿修罗护法像。窟顶上四周各雕二龙王，合起来为八大龙王，是根据《妙法莲华经》序品中参加法会八部护法天神中的龙众所刻，他们分别是：难陀龙王、跋难陀龙王、婆伽罗龙王、和修吉龙王、德叉迦龙王、阿那婆达多龙王、摩那斯龙王、优钵罗龙王。

洞窟西壁在突出的一个平台上，横开一长约 8 米、高约 3 米的大型屋形龛，雕饰瓦垄、屋檐，屋檐下雕出高约 2.5 米的七尊立佛（靠北壁的两尊已风化），发髻如波，褒衣博带，飘然若仙，其服饰为北魏太和改制后的典型服装。

值得一提的是，东壁南侧上层的《太和七年造像题记》为云冈石窟现存时间最早、文字最长的题记，呈长方形，长 0.8 米，高 0.37 米，全文共 24 行 336 字。题记记述了当年邑师法宗、普明等人建造佛像的动机、心愿、时代背景与现实环境等内容，具有极高的史料价值。此题记是中国石窟寺现存最早的魏碑，它对洛阳"龙门二十品"产生了直接影响。《太和七年造像题记》在书法上堪称早期魏碑体的一大杰作，风格以浑厚古朴、方重圆静为特色，字形端正平顺，隶意尚浓，用笔朴雅苍劲，分行布白自然规范，可称为不可多得之神品，是研究北魏书法的重要实物佐证。

720°全景技术是全球范围内迅速发展并逐步流行的一种视觉新技术，它给人们带来全新的真实现场感和交互式的感受。所采集的数据主要为平面二维数据，并且多以图像和全景影像为主要数据组成部分。《云冈石窟洞窟适老化 720°全景展示》为保证效果符合实际游览体验，二维数据需数据采集和有序分类才能够投入后期制作使用，二维数据主要以图片形式构成，并且分为全景图片采集和热点图片采集。二维数据的处理要通过专业图片软件对每一张照片进行白平衡的校色和镜头畸变校正，借助计算机全景合成软件对二维数据进行合成，制作成 720°全景程序。

云冈石窟

洞窟适老化

720°全景展示

图 3 太和七年造像题记中的道
育、昙秀、法宗三位邑师
Fig.3 The three euphemists
Doyo, Tuanxiu, and Hazong in
the inscriptions of the statues
of the seventh year of Taihe

图 4 云冈石窟第 6 窟佛塔
Fig.4 Pagoda in Cave 6 of the
Yungang Grottoes

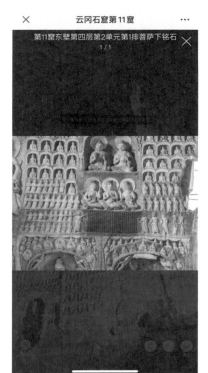

图 5 作品界面展示
Fig.5 Work interface display

图 6 作品界面展示
Fig.6 Work interface display

　　为了便于老年人点击查阅，本作品坚持音、图、文结合，设有导航地图，能够实现展区场景快速切换，点击场景中的热点，可以详细了解图片、文字、音视频等展项内容；提供语音解说服务，字体大，功能全，提升老年人感官体验。同时也注重互动参与，观众不仅可以随时发表留言表达观展感受，还增加了祈福上香、在线抽签等互动体验，让不便出行的老年人，足不出户就能游览云冈石窟，给他们带来精神上的鼓励与慰藉。

曹翀

北京航空航天大学
新媒体艺术与设计学院副教授

曹翀，北京航空航天大学新媒体艺术与设计学院副教授、院长助理。计算机学会与可视化技术专业委员会执行委员。毕业于清华大学计算机系，获博士学位。

研究领域

虚拟现实展示、数字图像处理和互动设计。

研究课题及成果

（1）在数字媒体相关领域重要会议与期刊 *IEEE Transaction on Multimedia*、*IEEE VR* 等发表论文 20 余篇。

（2）主持国家自然科学基金青年项目、科技部外专项目等多项国家级和省部级科研和教学项目。

汉唐女子舞服动态情境化展示

曹 翀

《汉唐女子舞服动态情境化展示》参考画像砖、壁画、舞俑等图像资料和古典舞剧目的动作，以汉代和唐代两个时期为例，将舞蹈服饰与情境、动作相结合进行数字化复原，在女子舞蹈服饰的动态情境化展示方面进行了数字化的探索与尝试。

舞蹈是我国传统文化和审美的重要组成部分，在各类文学和艺术作品中有大量的呈现。然而，形式丰富、风格独特的中国古代舞蹈和舞蹈服饰随着时间的流逝和朝代的更替，没有被完整流传下来。《汉唐女子舞服动态情境化展示》参考画像砖、壁画、舞俑等图像资料和古典舞剧目的动作，以汉代和唐代两个时期为例，将舞蹈服饰与情境、动作相结合进行数字化复原，在女子舞蹈服饰的动态情境化展示方面进行了数字化的探索与尝试。

随着时代的变迁，舞蹈的表演情景和动作也在不断变化。针对中国古代舞蹈服饰的研究离不开对于表演情境与动作等方面的研究。《汉唐女子舞服动态情境化展示》选取具有代表性的巾袖舞和柘枝舞进行复原。巾袖舞在汉画像石中有诸多体现，高髻细腰女子，身穿束腰舞裙或长袍，舞动长袖或长巾，"轻捷之翩翩，奋翅起高飞"，展现了汉代的舞蹈技巧和审美。而唐代柘枝舞作为唐代三大胡舞之一，在很多舞俑和画作中有呈现，白居易更是在《柘枝妓》中用"红蜡烛移桃叶起，紫罗衫动柘枝来"描述节奏鲜明、气氛热烈、风格健朗的舞蹈场景。

汉唐女子舞服

动态情境化展示

图 1 3D 展示和渲染效果
Fig.1 3D display and
rendering effects

图 2 3D 展示和渲染效果
Fig.2 3D display and
rendering effects

《汉唐女子舞服动态情境化展示》的表演场景和表演动作均有据可依。表演场景方面选取了汉代庭院和唐代堂屋两处场所。汉代《踏歌》的场景主要参考了东汉时期东汉时期高楼的建筑特点，凤阙和庭院的设计参考了曾家包画像砖中的图像资料。《柘枝》复原中使用唐末时期家具，如屏风、榻、垂足式坐式家具等，在装饰图案上，主要选择了冯晖墓乐舞图与敦煌壁画中传统纹样、传统山水画等。舞蹈动作则参考画像砖、壁画、舞俑等图像资料和古典舞剧目的动作，采用诺亦腾动捕设备采集舞蹈演员表演动作片段，来驱动角色进行表演，进行动作复原。

　　《汉唐女子舞服动态情境化展示》服饰的复原参考了汉代和唐代两个时期常服的样式，根据舞蹈的种类和需求，着重在袖口、下摆、前襟、内外服搭配方面做了改善。由于汉代资料较少，采用多种方式尝试了内外搭配和舞服的下摆形制，最终选取白色长袖中衣，红色交领右衽系带上衣和白色下裤作为舞者服饰。晚唐舞衣形制以圆领缺胯袍、上衣下裙、"香衫袖窄裁"的窄袖为主，颜色和花纹选取了唐朝时期较盛行的橘红色和由西域传入中原的团窠纹对整体的纹样与色调进行设计。

汉唐女子舞服
动态情境化展示

图 3 《踏歌》舞蹈场景——汉代
庭院
Fig.3 Dance Scene of "TA GE" -
Han Dynasty Courtyard

图 4 《柘枝》舞蹈场景——唐代
堂屋
Fig.4 Dance Scene of "TUO ZHI" -
Tang Dynasty Hall

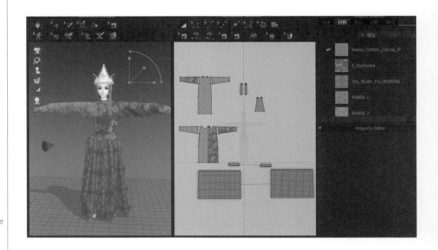

图 5 古代女子舞蹈服饰形象数字
化再现
Fig.5 Digital reproduction of
ancient women's dance costume
image

图 6—8 舞衣形制
Fig.6—8 Form of dance clothes

图 6—8 舞衣形制
Fig.6—8 Form of dance clothes

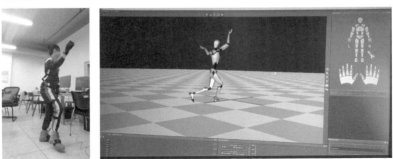

图 9—11 动态展示实现过程
Fig.9—11 Dynamic display of the
implementation process

魏 娜

青岛大学
纺织服装学院艺术学学科秘书

魏娜，中国民主同盟盟员，博士，副教授，硕士研究生导师，2019 年美国路易斯安那州立大学访问学者。中国服装设计师协会会员，青岛大学纺织服装学院设计艺术学学科秘书，指导学生多次在相关设计比赛中获奖。

研究领域

中国传统服饰文化、服饰设计理论与服装品牌研究等。

研究课题及成果

（1）主持教育部人文社科规划课题"孔府旧藏服饰与儒生服饰文化"（课题编号 17YJC760095）。

（2）发表" The Application Of Color Psychology In Fashion Desig""Application Of National Traditional Culture In Modern Fashion Design From The Perspective Of Color Psychology"等相关论文 6 篇，EI 检索 3 篇，A&HCI2 篇。

（3）出版专著《中国传统服装襟边缘饰研究》（中国纺织出版社有限公司）。

（4）参编《中国当代设计全集》（商务印书馆）中的第 10 卷《服饰篇》、第 5 卷《衣裳篇》、第 8 卷服饰类编《容妆篇》。

中国传统容像
三维数字化呈现

魏 娜

中国传统文化重视祭祖习俗，祖先画像成为贵族与官宦门第必备的礼器之一。《中国传统容像三维数字化呈现》以历史时空背景为纵轴，选取国内外各博物馆馆藏的宋明清具有代表性的祖先画像，以画像中的服饰为横轴，用数字化的形式去呈现容像画中人的首饰、配饰、衣饰与足饰。随着朝代更替，祖先画像亦有不同。宋代贵族肖像以人物端坐，庄重华丽为主。明代嘉靖时期宗族和祭祀制度的改革强调尊祖观念，民间画师也进行仿造，绘制平民化的纪念画像，作为传统祭祖仪式中的礼器使用。清代又有新的技法融入，一直到摄影技术进入我国后才逐渐衰落。《中国传统容像三维数字化呈现》以宫廷的容像画为主，利用服装 3D 软件，复原了8 张作品中的服饰部分，有宋代男女帝后服饰的复原、明代皇帝龙袍、明代女袍、马面裙、清代毛皮、清代袍褂等。

祖先画像保留了照相机发明前后中国士族官家的容貌写真和遗传特质、官服官帽、花样款式，因是写生而来，对研究其年代的舆服制度、纺织工艺、服饰风格来说，都是有价值的现实材料。借助祖先画像，我们可窥见历史细节，弥补文字记录模糊的不足。本研究所用祖先画像的来源有南京博物院、辽宁省博物馆、北京故宫博物院、安徽博物院、山东曲阜衍圣公孔子博物馆、台北故宫博物院、澳门艺术博物馆、美国 Freer 美术馆、美国大都会博物馆、大英博物馆、英国维多利亚阿尔伯特博物馆。

　　祖先画像以浓重鲜艳的色彩，大量象征性元素反映出中国历代社会阶级差序观念和民间画匠世代相传的工艺传统与艺术智慧，为我们展示了一幕以儒家人伦观念为主轴，同时反映了百姓在不同时代、不同社会现实生活中的世俗审美与生活。祖先画像除了作为中国古代传统祖先崇拜意识的表达，也呈现出当时的社会生活场景、服饰衣物与人物造型等，提供了有关服饰史、社会史、美术发展史研究最好的素材。历代祖先画像兼具写实性与规范性。规范性体现在朝服形式与背景构图之中。穿戴样式具有规范性，并且保持了较高的制度化。明清祖先画像中，普通百姓画像，僭越官服现象很普遍，但绘制高官阶的花翎，霞帔的却并不多见，这些僭越官服现象只不过寄托了子孙们希望祖先死后能够显贵富足的愿望。

　　随着时代的演进与技术的进步，后世子孙不忘借助不同的媒介技术与形式来传达千百年来对于先祖不变的尊敬之情，一方面缅怀先人创业维艰，另一方面继往开来。《中国传统容像三维数字化呈现》基于数字化媒体技术对祖先画像服饰活化进行了传承研究。在数字化过程中，运用了国内 3D 数字服装建模软件 style3D 进行图像服饰的模拟，按照服装款式进行了样衣的打版，再选择相应的图案与面料，最后进行缝合试穿。通过数字媒体技术的数据化处理，借助大数据存储的低成本与规模性、分析的精确性、预测性、效率性与可视化等优势，加强与完善相关画像数据库，有效推动中国传统艺术的活化传承与传播。

图 2 翟衣数字化呈现
Fig.2 Digital presentation of
the Zhai Yi

图 3 宋—佚名—宋哲宗坐像轴
（左）及盘领袄三维呈现（中、右）
Fig.3 Song-Anonymous-Song
Zhezong seated portrait axis
(left) and digital presentation
of the plate collar jacke
(middle,right)

图 4 明左衽（左）及上袄左衽三
维呈现（中、右）
Fig.4 Ming Zuoren (left) and
digital presentation of the Shang
Renzuo ao (middle,right)

图 5 明—佚名—宪宗坐像轴
（左）及龙袍帽三维呈现（中、右）
Fig.5 Ming-Anonymous-
Xianzong seated portrait
scroll (left) and digital
presentation of dragon robe
hat (middle,right)

图 6 清—佚名—大臣朝服像（建威锐锋）（左）及三维呈现（中、右）
Fig.6 Qing-Anonymous-Minister's court dress statue (Jianwei Rui Feng) (left) and three-dimensional rendering (middle,right)

图 7 清—佚名—氅衣（左）及三维呈现（中、右）
Fig.7 Qing-Anonymous-overcoat (left) and three-dimensional presentation (middle,right)

图 8 清—佚名—氅衣（左）及三维呈现（中、右）
Fig.8 Qing-Anonymous- overcoat (left) and three-dimensional presentation (middle,right)

图 9 清—佚名—镶毛皮对襟袍（皇十子允䄉）（左）及三维呈现（中、右）
Fig.9 Qing-Anonymous-fur-trimmed,symmetrical-front robe (Emperor's tenth son Yuncheng)(left) and three-dimensional presentation (middle,right)

中国少数民族
服饰传承

夏 飞

云南艺术学院
动画与数字媒体艺术系教师 博士

夏飞，博士，云南艺术学院设计学院动画与数字媒体艺术系教师，硕士生导师。中国电影美术学会 CG 艺委会高级研究员、常委，中国计算机学会虚拟现实与可视化技术专业委员会执行委员，中国高等院校影视学会动画与数字媒体艺术专业委员会会员，云南美术家协会数媒与动漫艺术委员会常委，昆明 VR/AR 产业发展联盟专家委员会委员，新媒体艺术家。在中、韩、泰等国学术期刊上发表专业论文 20 多篇，作品获得国家级、省级各项奖励近 20 项。参与了小米生态链《米兔》早教机 AR 项目开发设计，小米 VR 眼镜样片设计等有影响力的项目。参与云南省一流课程《数字媒体艺术与民族文化传播》组织教学。曾接受《设计》杂志，"首席视觉官""电影设计师""MANA 新媒体艺术站"等微信公众号的专访，参与线上线下讲座 20 余场。

研究领域

三维动画、交互媒体、AR/VR/MR 虚拟数字艺术、民族文化艺术。

研究课题及成果

(1) 专著《3dsmax2009 快航》(兵器工业出版社、北京希望电子出版社)
(2) 参与编著专业教材《动画艺术创作》。
(3) 云南七彩欢乐世界主题乐园民族剧场《3D 云南》数字化舞台设计。
(4) 参与云南旅游发展委员会《VR 云南》动画设计。
(5) 参与云南红河东风韵小镇视觉改造设计。
(6) 策划由中国电影美术学会、云南艺术学院、《设计》杂志、COP15 主办的"彩焕南云"中国高校数字交互艺术大赛。

三迤布衣
——云南少数民族服饰虚拟展示

夏 飞

　　随着时代的发展，民族地区的人们也追求外来"时尚"，原有服饰的样式、图案、材质上都受到巨大影响，千百年形成的文化基因正在消亡。《三迤布衣——云南少数民族服饰虚拟展示》借助"中国传统服饰艺术数字化人才培养"国家艺术基金项目与云南省昆明市地铁 4 号线 3 分钟博物馆项目，搜集云南特有的 15 个少数民族服饰的视频、图片、文字整理成数据信息库，以此作为少数民族服饰数字化研究的基础，然后从数据库中筛选出几个特征明显的少数民族，分别从色彩、形制、材质、动态等角度提取视觉表征符号，再结合音乐、镜头等手段，使用三维动画将少数民族服装用数字时装秀的方式展示表达。

　　"三迤"是云南的旧称，云南地区少数民族众多，其中大部分是人口较少且独有的民族，他们有着悠久的文化历史，在服饰表现上更是特色分明，绚丽多彩，充满神秘感。民族服饰是本民族文化的载体，不同的服饰，可以区分不同的民族，了解他们的性别、年龄、职业、婚姻状况，民族服饰还可以反映各民族节庆、婚丧、宗教信仰、礼仪等习俗，一套民族服饰就是一个民族的文化基因。

三迤布衣

──云南

少数民族服饰

虚拟展示

图 1 昆明地铁 4 号线 3 分钟
博物馆现场
Fig.1 Kunming Metro Line 4 3
minutes museum site

图 2 服装三维动画展示画面
Fig.2 Clothing 3D animation
display screen

　　《三迤布衣──云南少数民族服饰虚拟展示》使用二维插画辅助数字
展示，结合场景、动态实现一定的"故事性"表达，强化民族元素的视
觉记忆，利用增强现实，虚拟现实，互动游戏等技术实现交互功能，延
展云南少数民族服饰的表现力，赋予其教育属性，同时借助地铁公共空
间达到人群传播和文化传承的目的。

图 3 拉祜族人像
Fig.3 Lahu portrait

图 4 拉祜族服装样式
Fig.4 Lahu Clothing Style

图 5 拉祜族服装三维动画展示
画面
Fig.5 Lahu costume 3D
animation display screen

三迤布衣

——云南

少数民族服饰

虚拟展示

图 6 基诺族人像
Fig.6 Jinuo portrait

图 7 基诺族服装样式
Fig.7 Jinuo Clothing Style

图 8 基诺族服装三维动画展示
画面
Fig.8 Jinuo costume 3D
animation display screen

图 9 纳西族人像
Fig.9 Naxi portrait

图 10 纳西族服装样式
Fig.10 Naxi Clothing Style

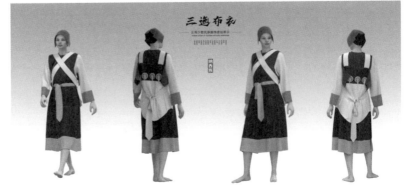

图 11 纳西族服装三维动画展示
画面
Fig.11 Naxi clothing 3D
animation display screen

吴 江

西藏职业技术学院教师

吴江，西藏职业技术学院，助教，服装与服饰专业骨干教师，西安工程大学服装设计专业研究生。

研究领域

中国传统服饰数字化虚拟展示、唐代宫廷女性服饰研究、藏族传统服饰研究。

研究课题及成果

(1) 参与西藏自治区教育厅"藏服饰文化传承"项目，参与《藏族服饰品》校本教材大纲起草、教材编写以及 6 套藏式创新服饰设计。

(2) 参与西藏自治区教育厅"西藏非物质文化遗产在高校艺术设计教育中的应用"项目，负责初期调研与整理、设计实践与教学实践、论文撰写。

(3) 参与西藏自治区教育厅《现代主义风格在西藏民族工艺品开发与设计中的穿插应用研究》项目，负责初期调研与整理、设计实践与教学实践、论文撰写。

(4) 参与 2018 年西藏职业技术学院与北京服装学院联合举办的"净美雪顿·美好生活"藏族服饰走秀活动，负责传统部分 4 套服饰的设计与制作。

西藏地区典型传统服饰三维数字虚拟展示

吴 江

西藏分为农区、牧区、农林区、半农半牧区，不同的生活环境与生活习性间接影响到各地区藏民穿衣习俗的不同。藏族传统服饰种类多、分布广，很难全面、直观地为人了解，而数字化技术和数字化展示为此提供了新的思路与方法。《西藏地区典型传统服饰三维数字虚拟展示》基于对西藏七个区地市的特色藏族传统服饰的实地考察及所获取的数据，借助 3D 虚拟技术和 CLO 3D 软件，对拉萨、山南、林芝、那曲、日喀则、昌都、阿里七个区地市的特色藏族男女传统服饰进行虚拟服装制作及数字化虚拟展示，旨在为藏族民族传统服饰的传承发展贡献力量。

藏族女性服饰丰富多变，各地市差别较大，无论款式、穿搭、色彩、配饰均独具一格，但有一点较为统一，即袍多长及脚面；藏族男性服饰则款式变化微乎其微，主要区别于材质、色彩，且袍长穿戴好以后多调整至膝盖附近。除了服装本身，藏族男女服饰都重装饰，喜好金银、珊瑚、蜜蜡、绿松石、象牙、珍珠、贝壳等材质。盛装时男女均在胸前佩戴"嘎乌"（类似佛龛装佛像用），形状多变，多用金银制成，正面镶嵌各式珠宝。不同地区根据各自风俗喜好，还佩戴有种类不同的头饰、项饰、耳饰、手饰、腰饰、钱包、打火石、藏刀、奶钩（牧区女性劳作用）、针线包、香包、筷子、碗套等，这些都与游牧民族逐草而居的生活习惯有关，现在西藏地区的藏族同胞都已定居生活，曾经这些赋予功能性的配饰，大多也退居于装饰地位。

西藏地区

典型传统服饰

三维数字虚拟展示

图1 拉萨男女传统藏族服饰 3D
虚拟展示
Fig.1 3D virtual display of
traditional tibetan costumes
for men and women in Lhasa

　　拉萨传统服饰风格古朴、典雅，贵族男女传统服饰喜用绸缎，普通
家庭多用氆氇，随着生活条件的改善，如今差异并不明显。女性多穿无
袖长袍，内搭对襟衬衫，重要节日外搭对襟长坎肩，头戴一种类似"Y"
字形的三角珠冠，寻常节日佩戴金花帽；男士服饰简单素雅，传统男性
发饰分髻编结绾发于头顶，左耳饰绿松石耳坠，男女均喜在胸前佩戴"嘎
乌"，造型独特、种类繁多。

图 2 山南男女传统藏族服饰 3D
虚拟展示
Fig.2 3D virtual display of
traditional tibetan costumes for
men and women in Shannan

　　山南措美男女服饰均与拉萨差别不大，只是女性喜在袍服外搭一件
对襟坎肩，多用"邦典"加洛纹氆氇配合黑色氆氇制成，头戴燕尾平顶
小圆帽；男士喜欢穿白色氆氇长袍，衣襟袖口底摆喜用蓝色绸缎缘饰，
内搭黑色氆氇坎肩，头戴金花帽。

图 3 林芝男女传统藏族服饰 3D
虚拟展示
Fig.3 3D virtual display of
traditional tibetan costumes
for men and women in Linzhi

　　林芝地处温带湿润气候区，植被茂密、物种丰富，早期先民以狩猎、
采摘为生，工布服饰是这里最古老特色的服饰，男女都穿一种古老的服
装形制——贯头衣，当地人称其为"古休"，女性用氆氇制成，内搭长袖
氆氇袍，头戴燕尾平顶小帽，腰配银腰；男性"古休"多以猴皮或熊皮
制成，由于动物保护政策禁止狩猎，这种传统的服饰已不多见，改为氆
氇上衣外加氆氇长袍，现如今无论男女服饰都喜用金色提花面料镶边，
衣服也由过去的简单实用变得越来越富丽隆重。

图 4 那曲男女传统藏族服饰 3D
虚拟展示
Fig.4 3D virtual display of
traditional tibetan costumes
for men and women in Naqu

　　那曲位于羌塘高原，高寒、昼夜温差大，当地以畜牧为主，老百姓就地取材，男女都穿光板羊皮藏袍，羊毛贴身光板朝外，可以有效地起到防寒保暖作用，传统的藏皮袍原始粗犷，随着生活条件的改善，男女都喜在袍面加装饰，女性爱美将四季的颜色装点于身，为苍茫的高原增添了活力，男女帽式多样，冬戴狐皮帽夏戴礼帽，女性多编数十根麻花小辫，两鬓喜加绿松石、珊瑚装饰，腰部系皮带悬挂钱包、奶钩等，前腹围裹手工刺绣图案邦典；男性皮袍领襟、袖口、底摆喜欢拼接黑色绒布面料，肩袖常饰有寿纹、卍字纹等变体图案，配腰带、打火石、藏刀、绳鞭等。

图 5 日喀则男女传统藏族服饰
3D 虚拟展示
Fig.5 3D virtual display of
traditional tibetan costumes
for men and women in Rikeze

　　日喀则定日县女性袍服一般由黑色或深褐色氆氇制成，有无袖和长袖两种，内搭对襟衬衫，前腹系扎彩色条纹邦典，后腰围折彩色氆氇围腰，前围腰处勾系约 20 厘米长的银质腰饰；男性袍服以白色氆氇为主，在领襟、袖口、底摆处装饰加洛纹彩色氆氇，内搭白色大襟立领衬衫，头戴金花帽。

图 6 昌都男女传统藏族服饰 3D
虚拟展示
Fig.6 3D virtual display of
traditional tibetan costumes for
men and women in Changdu

昌都位于藏东，古称康巴地区，这里的民众性格阳光豪放，男士被称为康巴汉子，用黑色或红色线穗编成的发饰称为"英雄结"象征了他们威猛勇武，传统的康巴袍服无论男女下摆、襟、袖等处镶宽大的水獭、豹、虎等珍贵兽皮，现今袍服很少有兽皮装饰，帽类以金花帽、礼帽、狐皮帽最为流行；康巴女子服饰与藏区女袍差异不大，唯独袖子左右长度不一，左袖短便于劳作，右袖长出于装饰，穿着时右袖拖于背后显得越发婀娜多姿，饰品有头饰、胸饰、背饰、腰饰和其他饰物，这些饰物往往是代代相传的宝物，是家庭财富的标志。

图 7 阿里普兰男女传统藏族服
饰 3D 虚拟展示
Fig.7 3D virtual display of
traditional tibetan costumes for
men and women in Alipuram

阿里普兰服饰保留着浓郁的吐蕃时期服饰风格，该地区女性盛装时所穿戴的服饰被称为"孔雀服饰"或"飞天服饰"，距今已有千年历史，整体由服装和配饰两部分组成。内穿长袖袍服，外披锦缎面羊羔内里水獭皮镶嵌披肩，头戴镶满由黄金、白银、松石、玛瑙、珊瑚、珍珠等珠宝镶嵌的月牙状头饰，前额银饰悬垂遮面，右肩披挂与头饰形状雷同尺寸略小的肩饰，颈部佩戴缀满红珊瑚的项圈，亦可用作头饰佩戴，胸前配挂"嘎乌"，腰系蜜蜡、珊瑚珠串，整体服饰穿搭负重可达 20 斤；男性袍服肥腰、大襟、节日时穿黄色织锦缎袍服，平时以黑、白色氆氇质地为主，头戴红缨官帽。

王艳晖

广西师范大学
教研室主任 博士

王艳晖，广西师范大学设计学院副教授，服装与服饰设计系副主任，苏州大学服装设计与工程专业博士研究生。主持多项省部级项目，完成多项市厅级项目。企业开发项目"DIY 瑶绣手机壳材料包"获 2017 中国特色旅游商品大赛银奖、饰品"恋·石"获 2017 广西"八桂天工奖"金奖、饰品"梵音"荣获第 13 届中国（义乌）文化产品交易会工艺美术银奖。

研究领域

民族服饰研究、民族手工艺理论及开发研究。

研究课题及成果

(1) 主持 2018 年度教育部人文社科青年基金项目"基于 QFD 设计理论的白裤瑶平板丝创新应用研究"（项目编号 18YJC760091）。

(2) 主持 2017 年广西哲学社会科学项目"广西传统蓝染服饰工艺保护与发展研究"（项目编号 17FMZ011）。

(3) 主持 2021 年广西研究生教育创新计划项目"推进文化强国建设，提升民族地区艺术设计硕士文化传承能力研究"（项目编号 JGY 2021032）

(4) 主持完成 2017 年广西中青年教师基础能力提升项目"桂黔滇旅游市场民族服饰工艺品文化识别度调查研究"（项目编号 2017KY0-234）。

(5) 主持完成 2020 年广西人文社会科学发展中心"'人文强桂'社会服务项目"中的"以景区为试点推动地域优秀服饰手工艺生产性开发"（项目编号 KW2020009）。

(6) 主持完成广西教育科学"十二五"规划重点课题"千亿元产业发展背景下'民族服装服饰'课程地方特色开发研究"（结题编号 2018-523）。

(7) 主持完成广西教育厅教学改革项目"文化传播视阈下服装设计类创新应用型人才培养模式探索与实践"（结题编号 20210148）。

To 美
——广西隆林苗族蜡染艺术数字审美体验探索实践

王艳晖

《To 美——广西隆林苗族蜡染艺术数字审美体验探索实践》以广西隆林苗族蜡染艺术为案例，提取蜡染图形资源数据，识别大美至简的符号与标识，解读隆林苗族蜡染艺术背后蕴含的民族、传统、视觉、审美之要义，寻找传统与现代的认同逻辑。联系几何学、自然学、物理学、光学、计算机学等学科，运用数字化手段、多元表达方式和新颖呈现样式，丰富传统民族图形艺术的数字表现形式，实现传统蜡染艺术向生活化、人文化、差异化转型，将民族图形艺术融入素质教育、美化生活、文化生产中，为文化创新创造补充民族艺术数字素材。在数字转化过程中，借助图文编程、影像处理、数据整合、人机互动等现代科技技术成果，结合现代人对传统民族艺术的主观体验，构建一组面向大众的体验空间，从而激活传统少数民族图形资源，丰富中华民族文化基因的当代表达，激发全民族文化创新创造活力。

广西隆林各族自治县被誉为活的少数民族博物馆，这里生活的苗族有花苗、红头苗、白苗、清水苗、素苗、偏苗六个支系。因地处偏远山区，交通不便，经济相对落后，风格迥异的苗族服饰得以保存下来，同时蜡染文化作为服装配饰中不可或缺的部分，也因此得到完好传承。尽管六个支系的苗族穿着各异，但蜡染装饰成为族群间同根同源的纽带，体现出苗族族群的气质。隆林苗族蜡染图案由几何形抽象而来，其间包含的构图格律、审美形式与文化内涵契合了现代教育之创新素质、审美修养和文化自信，是民族艺术由传统走向现代的活化方向。《To 美——广西隆林苗族蜡染艺术数字审美体验探索实践》将大众审美教育从静止、被动、瞻仰式的书面教育转换为动态、主动、时时的体验教育，用理性的数据处理方式阐释感性的形式美体验，拉近传统审美对象与观赏者的距离，从而推动民族文化瑰宝活起来，并探索出一条将民族文化资源数据转化为文化生产要素的数字审美体验路径。

图 1 红头苗、清水苗蜡染构图基本样式
Fig.1 Basic style of batik composition of red-headed Miao and clear water Miao

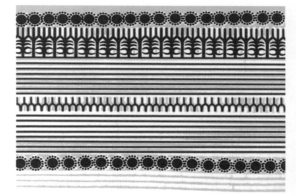

图 2 花苗、偏苗蜡染构图基本样式
Fig.2 Basic style of batik composition of flower seedlings and partial seedlings

　　蜡染是隆林苗族服饰的代表工艺，该地大部分妇女都会通过蜡染绘制各种花纹图案，其中清水苗与花苗喜用刺绣工艺强调蜡染图形，使蜡染面料的装饰效果更为丰富。隆林苗族蜡染的图案构成有序，以红头苗和清水苗为主喜欢用中心对称发散型方形适合纹样（见图1），花苗和偏苗以直线作为框架内部填充连续图形的二方连续纹样（见图2）。隆林苗族蜡染图形的基本元素是经典抽象几何图形，如十字纹、菱形纹、三角纹、螺旋纹、齿形纹、圆点纹等，是对自然界事物高度概括、提炼和抽象化。

　　隆林苗族蜡染呈现的基本几何形是她们在生产生活中对客观世界认识反映，是心灵的物化，具有大美至简的审美意识。长期的实践活动中，苗族民众将一些模糊或抽象的概念，如完美的花朵、孕育生命的蝴蝶妈妈、曾经的家园，转化为抽象的几何图形，具有标志性和纪念性。当这些几何形在全体成员中形成不变的符号后，图形语言被固定下来。这些几何装饰语言，虽然不能直接反映和再现某一具体的事物，而且关于它的形成也说法不一，但这些图形始终没有离开现实世界，是苗家人对过往和未来的质朴怀念与期待，揭示了她们对生活的美好愿景和审美理想。2022 年 5 月 22 日，中共中央办公厅、国务院办公厅印发《关于推进实施国家文化数字化战略的意见》。意见明确"十四五"时期末，基本建成文化数字化基础设施和服务平台，形成线上线下融合互动、立体覆盖的文化服务供给体系；提出文化数字化为人民，文化数字化成果由人民共享；重视在线在场相结合的数字化文化新场景体验；强调促进文化和科技深度融合，集成运用先进适用技术，增强文化的传播力、吸引力、感染力。

随着对传统文化遗产保护的日益重视，对传统民族艺术图案的保护，特别是对其进行数字化分析与处理的研究，受到了越来越多学者的广泛关注。隆林蜡染艺术具有民族图形艺术的典型意蕴，其中基本几何图形的构成方式突显现代趣味。《To 美——广西隆林苗族蜡染艺术数字审美体验探索实践》尝试运用现代科技成果，从现代教育之创新素质、审美修养和文化自信入手，激活此块文化资源。利用现有公共文化设施，实现隆林苗族蜡染数字审美体验，助力中华民族最基本的文化基因与当代文化相适应、与现代社会相协调。

1. 动态构图游戏，逻辑引导的图形数理创意空间

以隆林苗族蜡染基本几何图形为单位，借助图像照明、镜面装置等物理展示媒介，结合蜡染图形的构图逻辑，设计基本几何形在空间中的位置。通过框架骨骼作不同角度、方向的组合，由参与者理性控制设计中的秩序与排列，产生带有节奏韵律的视觉效果。

通过互通互联技术手段，将参与者在绘图软件中用数学方法编程完成的图案设计映射在光影墙面上。整个体验过程，不断启发个人的想象力与创造力，激发个人的主动、自觉的能动意识，建立平面与立体的连接，更好地激发创新创造的活力（见图 3）。以此为创作启发，引导观看者主动参与到碰触构图的游戏探索中。整个过程强调单位几何元素的重要性，协助参与者理解民族优秀传统自然观与造物观，进一步理解基本元素是世界千变万化的起点。

图 3 动态构图墙面
Fig.3 Dynamic composition wall

图 4 隆林苗族蜡染数字
化审美场景
Fig.4 Longlin Miao batik
digital aesthetic scene

2. 互动解析形式美法则，营造传统蜡染图形的审美空间

传统蜡染艺术数字化的另一个目的是为了提高全面审美，服务大众审美教育，利用现有公共文化设施，实现隆林苗族蜡染数字化审美场景体验（见图 4）。遵循观看者在参与、行动、体验等过程中的全方位感受，以沉浸式、互动型的方式，用视听调动参与者的内在感受。通过身体感官直接接触、跨民族语言交流情感，向外传播隆林苗族蜡染美。空间的视觉营造方面，灵活运用多种构成方式，如复合式、套接式、重叠式、透叠式、巧合式、盘结式、错位式和连续纹样中的各种排列，产生富有美感的秩序、节奏、韵律，突显隆林苗族蜡染的几何图案形式美；空间的听觉设计方面，做辅助意识活动的工具，既让观者看到眼前的几何形图案，又可以通过声效技术拓展图形的意蕴内涵。在整个体验过程中，跨文化交流得以实现，观看者提升对美的认知，加深对苗族文化的理解，掌握简单的逻辑观念，从图形的起源认识到万众归一的中国传统思想，使得审美活动从视听感官的层面上，上升为心灵的认同与感动。

图 5 隆林苗族变迁图像志
Fig.5 Longlin Miao Transformation Image Journal

3. 可视化图像志，借助蜡染图形解读隆林苗族迁徙历程

　　民族大家庭里的每个民族都是独一无二的，在认知其物质文化与精神文化时，文字与图像成为重要的线索通道。隆林苗族蜡染图形与本族迁徙历程有着千丝万缕的联系，妇女们用蜡刀刻画出族群每一次迁移，记录每一次翻山越岭、过江渡河的险恶情境，以及离开家园的恋恋不舍。因此，蜡染图形在苗族文化传统延续上起到了字符的作用，使得苗族的族群记忆得以流长。但如今，蜡染图形的基本造型元素与构图规制开始发生变化，个人创造的主动性逐渐高过记录集体记忆的需要，蜡染技艺文化系统担负的记录使命逐渐走弱。整理隆林苗族蜡染图形数据、分析图形肌理与结构、关联图形名称与族群历史的联系，再进行提炼、选择、辨别，利用集成全息呈现、沉浸式音影等新型体验技术，以数字化图像体验的方式重构并呈现隆林苗族迁移的心路历程。通过线上解读与线下体验相结合，使观看者感受到苗族人坚韧不拔的精神与强烈的民族自豪感。可视化图像志的设计，为少数民族传统文化延续提供了易于感受的直接价值，并由此建立传统与现代、生活共同体、文化共同体，乃至精神共同体的链接，建设中华民族共有精神家园（见图 5）。

信晓瑜

新疆大学
纺织与服装学院副教授

个人简介

信晓瑜，博士，新疆大学纺织与服装学院副教授，硕士研究生导师，中国服装设计师协会学术委员会执行委员、中国纺织教育学会会员、中国中外关系史学会会员。长期从事西域古代染织服饰、新疆民间印染织绣等传统服饰艺术数字化领域的科研工作，主持省部级以上项目 3 项，作为主要成员参与各级各类教科研项目多项，在各类专业核心刊物发表论文 20 余篇。

研究领域

传统服饰艺术数字化。

研究课题及成果

（1）国家社科基金艺术学项目"汉代以前的新疆早期服饰"，项目编号 15CG160。

（2）新疆社科基金，"旅游兴疆背景下新疆古代纺织品纹样整理研究与创新设计"，项目编号 20BYS144。

（3）教育部人文社科基金"基于数字技术的新疆汉唐服饰文物整理与当代活化研究"，项目编号 22XJJA780001。

新疆出土古代纺织品纹样数字化探索

信晓瑜

　　新疆出土汉唐纺织品具有典型的时代特色，体现出多元文化交流的特征，同时也是各民族共建中华民族共同体的历史见证。对其进行深入研究和创新活化既能丰富人民大众的历史滋养，又是旅游兴疆背景下新疆文创产品开发的必然选择。但因纺织品文物质地脆弱，给研究展示和应用传播带来较大困难。设计作品"丝语者——新疆出土汉唐纺织品纹样在线展示与设计平台"尝试以微信小程序的形式实现新疆出土汉唐纺织品纹样的数字化传播与应用，探索传统纹样数字化保护与当代活化的可能途径。

　　"丝语者"小程序的命名意在构建一个文化意象，即新疆出土的汉唐纺织品文物沉睡在千年瀚海之中，无声地诉说着丝绸之路古往今来的故事。小程序的目标用户定位为所有对丝绸之路古代文化艺术感兴趣的专业学者、艺术家和普通用户群体。希望通过新疆出土汉唐纺织品纹样的数字化展示传播和衍生应用，赋予古代纺织品纹样新的时代价值，从而更好地实现文化遗产的创新活化。其基本架构如图 1 所示。

图 1 丝语者——新疆出土汉唐纺织品纹样再现展示与设计平台
Fig.1 Silk Whisperer - Han and Tang textile pattern reproduction display and design platform unearthed in Xinjiang

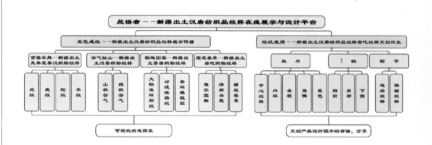

"丝语者"小程序的命名意在构建一个文化意象，即新疆出土的汉唐纺织品文物沉睡在千年瀚海之中，无声地诉说着丝绸之路古往今来的故事。小程序的目标用户定位为所有对丝绸之路古代文化艺术感兴趣的专业学者、艺术家和普通用户群体。希望通过新疆出土汉唐纺织品纹样的数字化展示传播和衍生应用，赋予古代纺织品纹样新的时代价值，从而更好地实现文化遗产的创新活化。其基本架构如图 1 所示。

通过考古资料和文献爬梳可知，新疆出土的汉唐纺织品纹样主题元素以早期草原动物纹、汉晋云气纹、晋唐联珠纹以及隋唐以来的宝花卷草纹等为主要代表，依据其出现的先后顺序，我们将其划分为"百兽率舞"、"云气仙山""联珠团窠"和"宝花卷草"四大类别，通过对纹样时间脉络的整理，可窥见新疆汉唐纺织品纹样的总体风貌，如图 2 所示。

在对新疆出土汉唐纺织品纹样进行系统梳理的基础上，我们对新疆出土汉唐纺织品的典型纹样进行了数字化复原，通过单元花卉的矢量化提取、批量构图的排列重组、色彩填充及调整等步骤完成后期纹样数字化素材的准备。纹样数字化复原过程如图 3 所示。

在纹样数字化复原之后，我们对"丝语者"小程序进行了原型设计。小程序主体包括"五色成纹——新疆出土汉唐纺织品纹样展示传播"和"纹以至用——新疆出土汉唐纺织品纹样衍生设计两部分，其启动页、介绍页、主题页的 UI 界面如图 4 所示。其中，"五色成纹"模块以时间为轴，分别介绍了"百兽率舞——新疆早期草原动物纹样""云气仙山——新疆汉晋云气纹样""联珠团窠——新疆晋唐联珠纹样""宝花卷草——新疆隋唐植物纹样"四大类典型纺织品纹样的概况，并对各类纹样中的经典之作进行详情页展示，内容包括文物图片、数字化复原图、文物出土地、馆藏位置、基本信息等。"五色成纹"模块的 UI 设计如图 5 所示。

　　"纹以至用"模块以丝巾、T 恤、帽子三大类别旅游纺织品为载体，将新疆出土汉唐纺织品典型纹样的数字化复原图置入备选表单，使用户能够通过手机页面选择不同纹样进行应用，实现一定程度的文创产品交互式自主设计。生成的丝巾、帽子、T 恤效果图将以图片形式进行存储和传播，也可在未来条件允许的情况下拓展"个性化产品定制模块"，关联文创生产营销企业，使用户自主设计的文创产品真正进入日常生活。"纹以至用"模块的 UI 界面设计如图 6 所示。

　　在界面设计完成之后，我们利用 Adobe XD 软件对制作好的页面进行交互属性编辑和动效设计，最终完成一个相对完整的"丝语者"小程序 Demo 原型，实现了新疆汉唐纺织品纹样展示学习与衍生设计数字化平台的基础构建。通过本次设计实践，我们进一步深化了对新疆汉唐纺织品纹样内涵的认知，也对传统纹样数字化转化进行了初步探索。但由于多方面原因，作品还存在一些瑕疵，未来我们将继续深入挖掘丝绸之路纺织品装饰艺术的文化基因，并利用新兴数字媒体技术积极探索文化遗产数字化的方法，为传承和传播优秀传统文化做出自己的贡献。新疆出土汉唐纺织品纹样在线展示与设计平台"即"丝语者"小程序。小程序的主要目标用户定位为所有对丝绸之路古代文化艺术感兴趣的专业学者、艺术家和普通用户群体，通过新疆出土古代纺织品纹样的展示传播和相关主题纹样设计应用，赋予新疆古代纺织品纹样以新的时代价值，从而更好地实现传统文化的数字化保护。

新疆

出土古代纺织品

纹样数字化探索

图 2 丝语者——新疆出土汉唐纺织品纹样再现展示与设计平台
Fig.2 Silk Whisperer - Han and Tang textile pattern reproduction display and design platform unearthed in Xinjiang

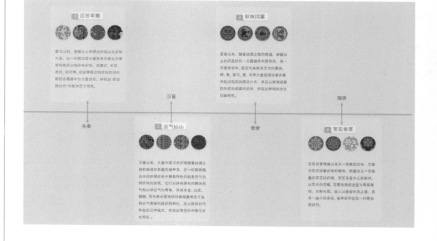

图 3 新疆出土汉唐纺织品纹样总体风貌
Fig.3 The overall style and features of Han and Tang textile patterns unearthed in Xinjiang

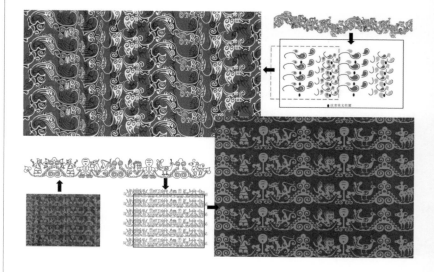

图 4 新疆出土汉唐纺织品纹样数字化复原流程示例
Fig.4 Examples of digital restoration process of Han and Tang textile patterns unearthed in Xinjiang

126

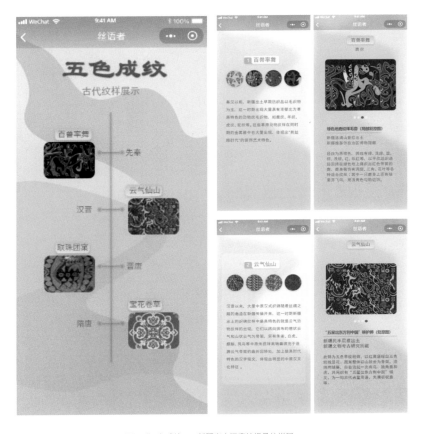

图 5 "五色成纹——新疆出土汉唐纺织品纹样展示传播"模块 UI 界面设计
Fig.5 The UI interface design of the module "Five-color Texturing -- Han and Tang textile pattern display and dissemination unearthed in Xinjiang"

图 6 "纹以至用——新疆出土汉唐纺织品纹样衍生应用"模块 UI 界面设计
Fig.6 UI interface design of the module "Pattern to Use - Derivative Application of Han and Tang Textile Pattern Unearthed in Xinjiang"

张居悦

理县
囍悦藏织羌绣合作社理事长

张居悦，国家级非物质文化遗产羌绣州级代表性传承人，囍悦藏织羌绣合作社带头人，"全国乡村文化旅游能人""四川省突出贡献乡村文化和旅游能人""阿坝工匠""阿坝州返乡创业明星""最美理县人"，带领囍悦藏织羌绣合作社先后被评为"四川省妇女居家灵活就业示范基地""四川省非遗扶贫就业工坊""阿坝州非遗传习基地"等荣誉称号。囍悦藏羌绣专业合作社非遗工坊带动 300 余名脱贫人员就业，工坊开展公益性技能培训，共培训 1000 余人。工坊每年会给 100 名当地的中小学生进行授课，现已培养 500 名以上本土中小学生。工坊总共组织羌族文化研学 10 万人次以上，共有 5 万人次以上进行羌族服饰及羌绣深度体验，致力于传承与发展羌族服饰与羌绣发展之路。

研究领域
国家级非物质文化遗产羌绣研究。

羌族服饰与
羌绣纹样
艺术呈现与传播

张居悦

羌族服饰反映了羌族深厚而悠久的历史遗存和文化内涵，是羌族文化心理结构的对应品，羌族服饰因其独特性而成为识别该民族的重要标志。《羌族服饰与羌绣纹样艺术呈现与传播》从羌族服饰、羌族刺绣、羌族刺绣纹样三个方面对羌族服饰进行数字化设计与应用呈现。

羌族是我国最古老的民族之一，相传是炎帝的后人，"华夏族"的重要组成部分。费孝通先生认为："羌族的历史早于汉族，羌族是一个向外输血的民族，许多民族都流淌着羌族的血液。"现在羌族主要分布在阿坝藏族羌族自治州的茂县、汶川县、理县、黑水县、松潘县、九寨沟县，甘孜州的丹巴县以及绵阳市北川县、平武县等地。羌族大多聚居于青藏高原东部边缘的高山或高半山地带，因此也被称为"云朵上的民族"。

羌族人既从事农耕，又兼事畜牧，这种特殊的农耕文明和畜牧文明交互交融的文化形态，让羌族的服饰既具有农耕文化的特点，又带有畜牧文化的特征，其服饰文化历经四五千年的传承，至今仍保留着独具特色且丰富多彩的传统服饰、传统纺织及刺绣文化。

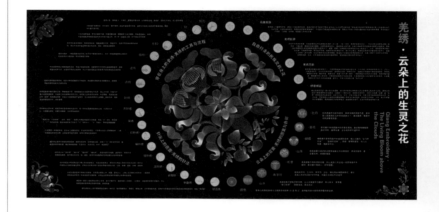

图 1 羌绣介绍版
Fig.1 Qiang embroidery
introduction version

　　《羌族服饰与羌绣纹样艺术呈现与传播》，通过绘制平面图分别把羌族各寨有代表性的区域服饰进行梳理与呈现。如茂县地区的黑虎寨服饰、三龙乡服饰、松坪沟牛尾寨服饰、永和乡服饰赤不苏、黑水县知木林地区的服饰、汶川地区的萝卜寨服饰、羌峰寨服饰、布瓦寨服饰、理县地区的桃坪羌寨服饰、蒲溪服饰等。

　　在羌族刺绣数字化整理呈现方面，《羌族服饰与羌绣纹样艺术呈现与传播》分为自由行走的民族灵韵之花、云朵上的花蕾——羌绣的图案与色彩、穿在身上的历史——羌绣的工具与流程、针尖上的芭蕾——羌绣的针法四大板块。自由行走的民族灵韵之花对尚美羌族、羌绣起源、羌绣灵韵、绣意绵延进行了分类梳理；云朵上的花蕾——羌绣的图案与色彩把羌绣中常用的牡丹、菊花、蝴蝶、山羊、如意、寿字符、山水纹样及颜色进行了梳理提取；穿在身上的历史——羌绣的工具与流程对刺绣过程当中需要准备的工具剪刀、绣花针、绣花绷、布料及工艺流程做样、选布、选线、刺绣做了一一分类介绍；针尖上的芭蕾——羌绣的针法对常用的针法齐针绣、掺针绣、架绣、打籽绣、编针绣、扭针绣、压针绣、长短针、单盘绣进行了梳理与呈现，可以直观地感受到羌绣的文化特色。

在刺绣纹样的数字化设计方面，《羌族服饰与羌绣纹样艺术呈现与传播》选取羌族服饰游花围腰纹样做数字化设计与应用呈现。此羌族服饰围腰主要为蓝底白线绣制而成，整张围腰都只用单钩绣，传统称为"游花"或"素绣"，色彩是游绣在织物上展现民族信仰的根脉，是区别于其他羌绣种类的标志，针法是游绣承袭下去的动力，是羌族刺绣引以为傲的技巧，两者都是游绣的精髓所在。《羌族服饰与羌绣纹样艺术呈现与传播》坚持还原游绣艺术呈现效果，力求保留色彩、针法的基础上进行图案创新，以植物"岷江百合"为主题进行游绣的图案创新设计。

游绣画面主要由物内套叠与物物组合构成饱满造型，很多主体图案内部多使用桃花或者菊花进行套叠，主体图案周围添加同类寓意的动植物图案做装饰填充，题材内涵一致，画面层次丰富。关于物内套叠方式，岷江百合主要有"百年好合""百事合意"两种寓意，因此设计以四季作为暗线穿插，四季合一年，年年岁岁携好意。两类寓意分别进行四组图案设计，扩展现有的传统套叠内容，运用四季标志性的春桃、夏荷、秋菊、冬梅做岷江百合的花内套叠。关于物物组合方式，游绣图案常把主体置于画面中间位置并放大化处理，主体图案有两种呈现形式，一是物体一个角度的平面呈现，二是借助花瓶做插花造型。"百年好合"是对爱情幸福和家庭美满的虔诚祈愿，"百事合意"是对平安喜乐、诸事皆顺的殷切期盼，将"百年好合"寓意与平面化呈现结合，外部添加象征爱情与多子多福的图案增添寓意。将"百事合意"与象征平安的花瓶结合做插花造型，外部添加象征富贵平安、福禄寿喜的图案增强表达。最终的组合纹样以圆形展示，取圆形圆满、完美之意，使整个设计由表象到本质都沿用游绣以图表意的传统形式。游绣的传统载体样式是围腰，除此之外游绣针法多做装饰使用。《羌族服饰与羌绣纹样艺术呈现与传播》设计在图案创新同时也要考虑好后期的运用方式，让游绣清雅脱俗的风格能融入更多的现代产品，从而实现服饰纹样数字化成果的转化。

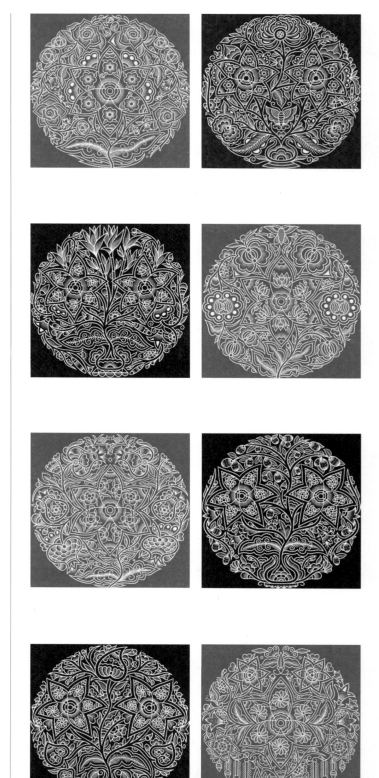

图 2 羌绣纹样
Fig.2 Qiang embroidery patterns

图 3 男士羌族服饰
Fig.3 Men's Qiang costumes

图 4 女士羌族服饰
Fig.4 Women's Qiang costumes

图 5 羌绣产品展示《天才妈妈的礼物》
Fig.5 Qiang embroidery products show "The Gift of a Genius Mother"

靳 伟

南京特殊教育师范学院
讲师

靳伟，南京特殊教育师范学院美术与设计学院讲师，中国服装设计师协会陈列委员会会员，江苏省服装设计师协会会员。主要从事少数民族服饰研究，传统服饰手工艺，非物质文化遗产在听障大学生中的传承与发展研究。主持厅级课题 1 项，参与省部级课题 1 项，厅级课题 3 项，作品荣获国家级、省部级奖项多项。

研究领域

传统民族服饰手工艺、残疾人高等职业教育。

研究课题及成果

(1) 主持南京特殊教育师范学院校级教改课题 "非遗视角下听障大学生扎染技艺的创新传承实践研究"（课题编号 2019XJJG30）。

(2) 参与教育人文社会科学基金一般项目 "传统手工艺在残疾人职业教育中的传承与发展研究"（课题编号 18YJA760027）。

(3) 主持江苏省高校哲学社会科学基金项目 "听障大学生传统印染技艺的传承与创新研究——基于文化创意产业的视域"（项目编号 2021SJA0615）。

(4) 参与江苏省高校哲学社会科学基金项目 "植物染色技艺在听障服装设计教育中的传承与创新研究"（项目编号 2019SJA0555）。

(5) 参与江苏省高校哲学社会科学基金项目 "特殊高等教育听障大学生职业能力提升策略研究"（项目编号 2018SJA0664）。

(6) 参与江苏省教育科学 "十四五" 规划 2021 年度课题 "基于视知觉理论将江苏传统工艺应用于聋人大学生美术教育的研究"（项目号 C-c/2021/01/43）。

(7) 作品《进化》荣获 2019 "魅力东方，时尚盐步" 中国国际内衣设计大赛最具人气奖。

(9) 作品《无境》获第九届 NCDA 全国高校数字艺术大赛（江苏赛区）二等奖。

(10) 作品《社恐·症候群》在第七届江苏省十佳设计师评选中荣获江苏省优秀设计师称号。

记忆·符号·仪式
——黔东南苗族百鸟衣数字化研究

靳 伟

在黔东南都柳江沿岸的月亮山深处，生活着一支自称是"嘎闹"的苗族支系。这一以鸟图腾崇拜的支系也被称为"鸟图腾部落的氏族"，百鸟衣是这一支系过"牯藏节"时的节日盛装。在"牯藏节"中，男女都要穿着百鸟衣盛装，男人们会吹起芦笙，拉起古瓢琴，女人们会围成一个大圈跳起传统的古瓢琴舞。色彩绚丽的百鸟衣和一幅幅蜡染绘制的牯藏幡展示着这里的人们对十三年一次的牯藏节的重视，代表着对祖先的虔诚祭奠与追思。《记忆·符号·仪式——黔东南苗族百鸟衣数字化研究》利用HTML5技术、flash动画、CLO3D软件等多种数字化手段，展示了百鸟衣的制作工艺、图案色彩、穿着方式等，为苗族传统服饰文化的广泛传播贡献力量。

百鸟衣历史悠久，是苗族最古老的盛装形制之一，《新唐书》中载："贞观三年，东蛮王谢元深入朝，冠乌熊皮冠，以金络额，毛帔以裳，为行縢，着履……万国来朝，卉服鸟章……"唐太宗为彰显大唐强盛，万国来朝，命画师将这一盛事用图画的方式记录下来，名曰《王会图》，当时的画作现在我们不得而知，但却为我们提供了百鸟衣的最早记载。百鸟衣由苗家自织的斗纹布缝制而成，土布上由一片片用彩色丝线绣着花鸟、蝴蝶、鱼纹、龙纹的蚕锦剪纸平绣拼合而成。

记忆·符号·仪式
——黔东南苗族
百鸟衣数字化研究

百鸟衣整体的形制为无领、长袖、对襟、无扣的上衣和由 8 至 12 条长宽相同的飘带裙组成，每条飘带下坠有用白色公鸡羽毛做成的装饰。男式的百鸟衣在当地称之为"欧花勇"，都为连体样式，整套衣服上装饰牛龙或蛇龙等纹样。尤其是衣服后背，中间通常为一条盘龙，四周用鸟纹、花卉纹样和蝴蝶纹样装饰，整体色彩沉稳，纹样大气，体现了苗族男子英武、挺拔的气概。女式百鸟衣称为"欧花闹"，有连体式和分体式两种式样，在不同地区款式也稍有差别。

《记忆·符号·仪式——黔东南苗族百鸟衣数字化研究》以黔东南地区的百鸟衣为研究对象，利用多种数字化手段，展示百鸟衣的制作工艺、图案色彩、穿着方式等：以 HTML5 技术为载体，在"记忆"板块通过交互方式展示黔东南地区的地理位置、人文历史简介、鼓藏节介绍等；在"符号"板块通过 flash 动画展示百鸟衣的重要制作工艺——蚕锦绣，运用数字化手段展示百鸟衣图案及其背后深厚的历史文化内涵；"仪式"板块主要展示女款百鸟衣"欧花闹"的数字测量以及平面结构，利用 CLO3D 软件对百鸟衣进行穿着状态的 3D 展示。《记忆·符号·仪式——黔东南苗族百鸟衣数字化研究》旨在通过数字化的手段使百鸟衣这一苗族传统盛装的形制服色与深厚的文化内涵得到更广泛的普及与传播。

图 1 记忆篇长图
Fig.1 Long picture of the memory chapter

图 2 百鸟衣图案
Fig.2 hundred birds cloth pattern

图 3 男款百鸟衣
Fig.3 Men's Parka

图 4 女款百鸟衣围腰
Fig.4 Women's peplum around the waist

图 5 女款百鸟衣
Fig.5 Women's Parka

记忆·符号·仪式

——黔东南苗族

百鸟衣数字化研究

图 6 仪式
Fig.6 Ceremony

图 7—14 界面设计
Fig.7—14 UI

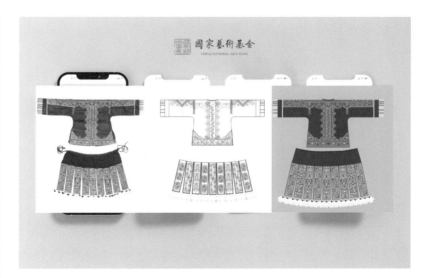

徐 娜

燕京理工学院
艺术学院副教授

燕京理工学院艺术学院副教授，艺术与科技课程群负责人。人民邮电出版社异步社区签约译者。Adobe 官方教材的译者及作者，Adobe 官方培训讲师，中国区授课专家。教育部 1+X 数字媒体交互设计项目师资培训授课专家。作品多次在北京国际设计周及威尼斯双年展中展出，被收录至亚太设计年鉴所中，并且设计作品还多次被凤凰卫视等媒体进行报道。创建的 Magic Dessert 品牌连续 3 年在北京国际设计周中展出。主持科研课题 7 项，其中省级以上课题 2 项，市厅级课题 3 项，校级课题 2 项。出版专业著作 12 部，其中专著 1 部，译著 4 部，1+X 系列教材 2 部，教材 5 部。 发表学术论文 15 余篇。

研究领域

虚拟现实及数字文化创意产业的设计与研究、数字文创在虚拟现实应用中的设计、中国传统文化的数字化等。

研究课题及成果

(1) 教育部产学结合协同育人项目"新文科背景下艺术与科技专业虚拟仿真实验室教学实践研究"（课题编号 202102079040）。

(2) 教育部产学结合协同育人项目"基于虚拟现实技术的艺术与科技专业师资队伍建设研究"（课题编号 202102051002）。

(3) 河北省高等学校人文社会科学研究项目、青年基金项目"数字化时代河北省旅游景区文化创意产品设计与发展研究"（课题编号 SQ202041）。

(4) 河北省应用技术大学研究会研究项目"5G 背景下新技术对高校艺术设计专业教育教学手段和模式的改革研究"（课题编号 JY2019096）。

(5) 廊坊市科学技术研究与开发计划自筹经费项目、 软科学项目"基于 VR 与 AR 技术的廊坊市文化创意产品的设计与研究"（课题编号 201902-9052）。

(6) 河北省社会科学发展研究课题"数字经济下河北省非物质文化遗产文化创意产品设计与发展研究"（课题编号 20210301196）。

(7) 甘肃省高等学校创新基金项目"数字创意产业背景下甘肃地域文创设计研究"（课题编号 2021A-066）。

艾德莱斯非遗技艺的数字化创新设计

徐 娜

艾德莱斯是新疆民族独具有民族特色的一种纺织品技艺，讲究简洁虚实相生。对艾德莱斯非遗技艺的数字化创新设计要扎根于民族传统文化。《艾德莱斯非遗技艺的数字化创新设计》以新疆艾德莱斯非遗技艺为基础，结合光导纤维、传感器等智能设备进行数字化创新设计，以创新的视角、数字化的手段重新诠释和展现传统非遗纺织技艺。

艾德莱斯面料是新疆和田地区特色传统手工艺制品，距今已有近3000年的历史，被称为古丝绸之路上的活化石。古丝绸之路上的新疆和田地区是东西方汇集的一个地方，古罗马、古巴比伦、中国的文化、印度的文化都曾在此留过痕迹，同时有很多宗教对这个地方产生了影响，比如，佛教、伊斯兰教等。因此，艾德莱斯受到了很多文化的影响，带着"国际血统"，目前在整个的中亚地区都有使用。

艾德莱斯是很有特色的一种纺织品，美若彩虹，灿若云霞，一片艾德莱斯的诞生，要经过扎经、染色等多道工艺，用草根、核桃皮等食品浸泡的植物颜料染色，其色彩缤纷绚丽，虚实相间，对比强烈，图案简洁抽象又不失生动，风格上唯美浪漫。它再现了大自然中光和色的美感，汲取东西方文化之精髓。

艾德莱斯

非遗技艺的

数字化创新设计

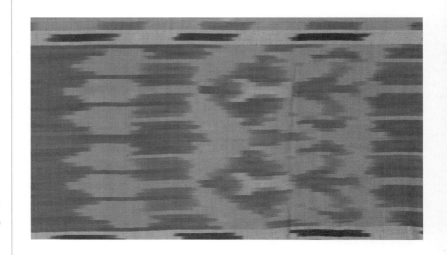

　　艾德莱斯由于特定的纺织技艺使其呈现出了视觉交错感，这与光的
散射相得益彰。《艾德莱斯非遗技艺的数字化创新设计》以光导纤维面
料为基础，探讨艾德莱斯文化数字化形态的可行性，结合智能传感器和
App 应用程序对面料的色彩、氛围音乐以及形态呈现进行控制，通过不
同图案的形态演绎，使整个作品呈现出虚实相生、虚实融合的新形态。

　　《艾德莱斯非遗技艺的数字化创新设计》对艾德莱斯数字化的设计与
应用进行了探究，在传统的以线进行编织的技艺上，加入了光导纤维材料，
并通过外部的灯光和传感器对光导纤维材料进行控制，以其能够产生不
同的光和色彩的变化，使原本静态的视觉交错转变成动态的视觉。通过
研究新疆艾德莱斯的特殊纹样，对部分极具特色的纹样进行了绘制，如
石榴纹、巴旦木纹、梳子纹、动物角纹、热弯普琴纹、花卉纹和树形纹等。
尝试着将这些纹样赋予到光导纤维的面料上，形成虚实相生的视觉效果。
另外，使用 Sketch 设计构建了"艾德莱斯 App"对其进行控制，通过选
择不同的图案，用以控制不同的布匹。与此同时，还可以选择光线变化
的呼吸频率，App 中的光谱的变化与灯光呼吸变化相一致，呈现出一种
生命力感。

1. 设计灵感来源

《艾德莱斯非遗技艺的数字化创新设计》的灵感来源于馆藏于北京服装学院民族服饰博物馆中的一件新疆维吾尔族艾德莱斯绸头巾（见图 1）。此件艾德莱斯绸收集于新疆库尔勒地区，整体色调为红色，点缀有象征维吾尔族生存环境的黄色，以及伊斯兰教中崇尚的绿色，以及象征着蓝天的蓝色。

2. 元素解析

对艾得莱丝绸巾中的纹样元素进行解析（见图 2），纹样中有带把的木梳纹、石榴纹、流苏纹，条状有规则地重复排列，呈现出一种跳动韵律，宛如熊熊燃烧的火焰（见图 3）。

艾德莱斯纹样形态与维吾尔族生活习俗有着紧密的关系，是维吾尔族生活的最直接的表达，也是民族文化的物质载体。常见有植物类纹如石榴纹，器物纹如珠宝首饰、民族乐器等纹样。

3. 光导纤维智能面料

光导纤维是一种由玻璃或塑料制成的纤维，利用光在这些纤维中以全内反射原理传输的光传导工具。光纤是圆柱形的介质波导，应用全内反射原理来传导光线。光导纤维智能面料就是将光导纤维编织成面料，并配以二极管及传感器对面料进行控制（见图 4）。

4.《艾德莱斯 App》

艾德莱斯 App 部分界面（见图 5），在此程序中可以对色彩，动态效果以及作品的背景音乐进行控制。通过更改数据形态，可以呈现出不同的动态效果。

艾德莱斯
非遗技艺的
数字化创新设计

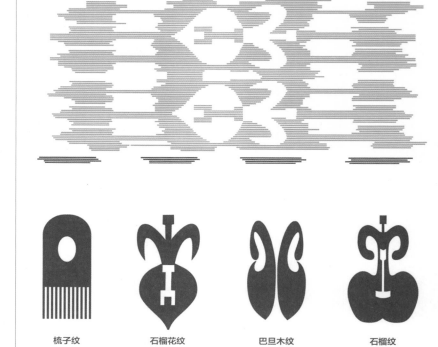

梳子纹　　　　　石榴花纹　　　　　巴旦木纹　　　　　石榴纹

动物角纹　　热瓦普琴纹　　花卉纹　　　　树形纹　　珠宝首饰纹　　花卉组合纹

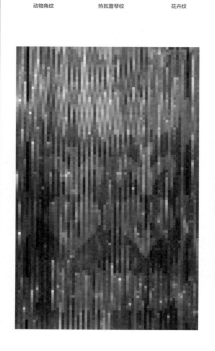

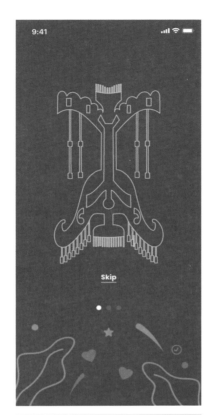
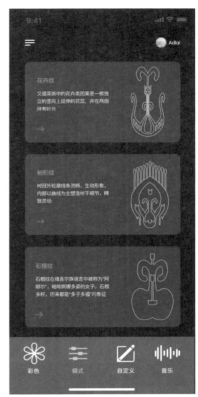
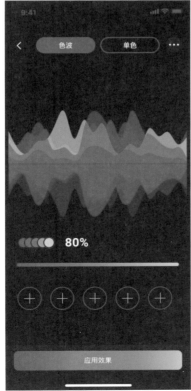

图 5—8 艾德莱斯 App 界面
Fig.5—8 Adelaide App interface

中国传统服饰创新设计研究

王竹君

安徽工程大学
纺织服装学院服装系系主任

王竹君，安徽工程大学纺织服装学院服装系系主任，博士，副教授，毕业于东华大学，法国国立高等纺织工业与艺术学院 (Ecole Nationale Supérieure des Arts et Industries Textiles，ENSAIT) 访问学者。主持和参与了国际、国家、省部级项目 10 余项，已发表了 SCI/EI 收录论文 10 余篇，在行业内著名的国际国内学术会议 (TBIS、FLINS、AUTEX、IFFTI、中国纺织学术年会等) 进行口头报告近 10 次，授权发明专利 3 项，实用新型专利 10 余项，出版了普通高等教育本科国家级规划教材《电脑辅助服装设计》(第一副主编)、《服装 CAD》、《服装设计》等 7 部教材。曾荣获安徽省教学成果奖二等奖、中国纺织工业联合会教学成果奖三等奖、第 13 届纺织生物工程与信息学国际研讨会 (TBIS 2020) 优秀学生论文奖（Outstanding Student Papers Award）、第 8 届安徽省自然科学优秀学术论文三等奖、第 7 届纺织生物工程与信息学国际研讨会 (TBIS-APCC 2014) 优秀研究论文奖（Outstanding Research Paper）等荣誉。

研究领域

服装基础理论与数字化艺术设计。

研究课题及成果

(1) 参与"欧盟地平线 2020 (Horizon 2020，H2020)"项目"FBD_B Model"(项目编号：761122)。

(2) 参与国家重点研发计划"科技冬奥"重点专项"冬季运动与训练比赛高性能服装研发关键技术"（项目编号：2019YFF0302100）。

(3) 参与安徽省哲学社会科学规划项目"非遗徽州剪纸虚拟展示研究"（项目编号：AHSKQ2019D085）。

(4) 主持安徽省高校人文社会科学研究重点项目"安徽民间服饰品牌与网络销售研究"（项目编号：SK2016A0116）。

(5) 主持丝绸文化传承与产品设计数字化技术文化和旅游部重点实验室开放基金项目"协同设计语境中个性化丝绸服饰产品定制的交互机制研究"（项目编号：2020WLB07）。

(6) 参与安徽省高校人文社会科学研究重点项目"近代徽州地区民间服饰虚拟展示研究"（项目编号：SK2017A0119）。

之间与之外
——新徽派风格服饰创新设计与数字化展示

王竹君

徽州文化是中华优秀传统文化的不可或缺的组成部分，徽派服饰既是徽州文化的重要载体，更是中华民族物质文明的反映和精神文明的载体，还承载着华夏民族最深沉的精神追求，体现着人们在世代生活中形成的世界观、人生观、审美观，在保护文化遗产、传承传统文化、增强文化自信等诸方面发挥重要作用。运用先进的数字技术，如虚拟／增强／混合现实、物联网、人工智能等对中华传统服饰进行研究，近年来已成为国内外学者重点关注的领域和方向之一。在此背景下，《之间与之外——新徽派风格服饰创新设计与数字化展示》依托徽州文化，梳理典型图案、纹样等设计要素，通过解构、重组、再造等手法进行徽派服饰的创新设计及数字化展示，塑造徽派服饰的新形象和新意象，探索徽州文化传承与徽派时尚设计的新路径。

历史上，徽州包含今安徽省的歙县、休宁、绩溪、黟县、祁门和江西省的婺源县，地处万山之中，是一个相对封闭的文化单元。徽州之名源于宋徽宗宣和三年（1121），历经宋元明清四个朝代。悠久的历史、特殊的地理环境，孕育出独树一帜的徽州文化艺术形态，涉及宋明理学、徽派建筑、徽雕、徽剧、宣纸等。徽州建筑是徽州文化的重要载体和传播媒介，传统徽州建筑的框架结构，使窗棂成为徽州建筑最重要的构成要素和审美重心之一。窗棂，即窗格，"之间与之外"以徽州建筑元素为切入点，提取典型的徽派建筑元素，对其造型、装饰纹样、结构等进行解析、重组，进而应用于服装设计中。

图 1—2 服装设计作品
款式 1
Fig.1—2 Fashion design
work style 1

　　古代（特别是晋末、宋末、唐末）的中原移民，将中原服饰文化带
入皖南地区，与当地的山越文化不断相互交流、碰撞，逐步形成了徽州
服饰特有的文化气质和风格：清秀、端庄、简约、高雅，实用与装饰并重。
在服饰形制上，做工精细的立领、右衽大襟的、宽松的中长褂、襦裙等
多见于富庶阶层。而普通的劳动阶层，则多着做工相对粗糙的、紧身的
右衽大袍衫和大裆裤。在服装材质上，富裕家庭多采用绫、罗、绸、缎、

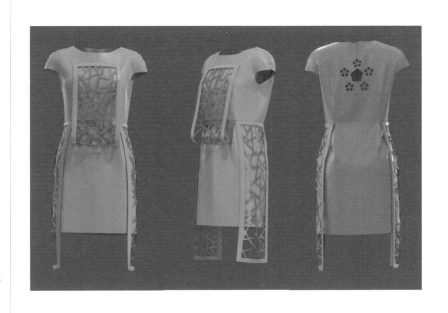

图 3 服装设计作品款式 2
Fig.3 Fashion design work
style 2

丝、冬季羊皮、狐皮等；而棉布则多被普通家庭使用。在装饰风格方面，少见繁复堆砌的刺绣，取而代之的是实用与装饰并举，简约中透着清雅。在服饰色彩上，比较朴素，多见黑色、粉红色、青色、蓝色等。

　　"之间与之外（Between and Beyond）"，借助先进的服装数字化媒介（如 CLO3D、style3D 等），将解构、重组后的典型徽州文化与服饰元素在现代女装设计中进行再表达，创建了一系列新徽派风格的数字服装。通过"之间"的互动，即一系列典型的徽州文化元素与服饰元素的互动，营造徽派意象，并引导受众进入一个可以不断想象、不断超越的、融入其自身的经历与体验的新徽派意境"之外"。

之间与之外

——新徽派风格

服饰创新设计与

数字化展示

图 4—5 服装设计作品款式 3
Fig.4—5 Fashion design
work
style 1

图 6—7 服装设计作品款式 4
Fig.6—7 Fashion design work
style 4

图 8—9 服装设计作品款式 5
Fig.8—9 Fashion design work
style 5

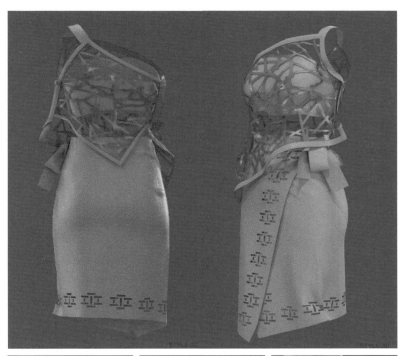

图 10 服装设计作品款式 6
Fig.10 Fashion design work
style 6

图 11—13 服装设计作品
款式 7
Fig.11—13 Fashion design
work style 7

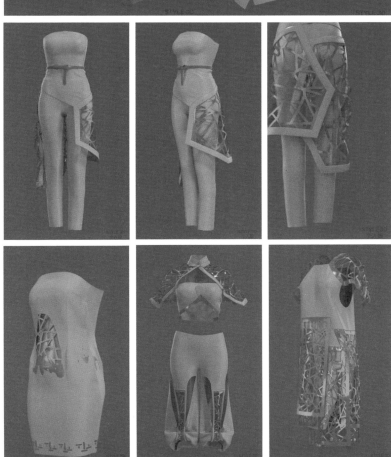

图 14—16 服装设计作品款式
8、9、10
Fig.14-16 Fashion design
work style 8、9、10

刘远洋

北京艺术博物馆
副研究馆员

刘远洋，北京艺术博物馆副研究馆员，长期从事古代纺织品的保管、保护和研究工作，主要关注古代织物装饰纹样、清代宫廷织绣及服饰等方面的艺术形式表现和深层文化内涵。

研究领域

古代纺织品的保管、保护和研究工作，主要关注古代织物装饰纹样、清代宫廷织绣及服饰等方面的艺术形式表现和深层文化内涵。

研究课题及成果

(1) 出版专著《中国古代织绣纹样》（学林出版社）。

(2) 作为第二作者出版专著《织绣》（"中国文物图案造型考释丛书"，云南人民出版社）

(3) 专业期刊发表论文《清代女子服装的装饰艺术》《清代女裙探微》等20 余篇。

(4) 主持"艺术博物馆藏清代龙袍研究"科研项目。

(5) 参与 "明代大藏经丝织裱封研究""中国文物志（可移动文物篇）""北京艺术博物馆藏明清织绣染色材料分析及色源探究"等多项学术课题的研究和科研成果编撰工作。

(6) 策划《美人如花隔云端—— 中国明清女性生活展》《丰繁竞秀——清代服饰文化精品展》等服饰织绣相关展览。

北京艺术博物馆藏清代服饰纹样数字化设计与应用

刘远洋

《北京艺术博物馆藏清代服饰纹样数字化设计与应用》以北京艺术博物馆收藏的清代服饰文物为对象，针对其上的装饰纹样进行整理归纳和数字化转化。"沁园春"选取三件女服上的牡丹、玉兰、桃花、兰花等几种春季开放的花卉作为素材，通过数字化提取设计出一个完整的团花图案，并以其为元素进行了博物馆文创产品的开发，应用于各种款式的包袋装饰，从而实现服饰纹样数字化成果的转化。

中国传统服饰作为中华民族传统文化的重要组成部分，反映了古代社会的发展状况及当时人们的审美倾向和精神追求，蕴藏着深厚的历史文化内涵，是中华民族的宝贵遗产。深入研究传统服饰理论、传承并发扬传统服饰文化，对于推动新时代文化建设、增强国民文化自信具有非常积极的促进作用。

随着数字化技术的兴起、发展和应用范围的拓展，数字化也逐渐深入到传统服饰文化领域，越来越多地应用于传统服饰文化的保护和传承。通过数字化技术，可以对服饰文物的信息数据进行全面完整的采集，进而构建形成系统化的数据库，对服饰文物信息进行有效收录和保存。存储在电子设备中的数字化服饰不受环境等物理条件的影响，能够根据使用需求反复调取，用于研究、展示、文创开发等各个方面，从而代替文物本体实现其功能价值。

图 1 过程图
Fig.1 Diagram of process

中国传统服饰作为中华民族传统文化的重要组成部分，反映了古代社会的发展状况及当时人们的审美倾向和精神追求，蕴藏着深厚的历史文化内涵，是中华民族的宝贵遗产。深入研究传统服饰理论、传承并发扬传统服饰文化，对于推动新时代文化建设、增强国民文化自信具有非常积极的促进作用。

随着数字化技术的兴起、发展和应用范围的拓展，数字化也逐渐深入到传统服饰文化领域，越来越多地应用于传统服饰文化的保护和传承。通过数字化技术，可以对服饰文物的信息数据进行全面完整的采集，进而构建形成系统化的数据库，对服饰文物信息进行有效收录和保存。存储在电子设备中的数字化服饰不受环境等物理条件的影响，能够根据使用需求反复调取，用于研究、展示、文创开发等各个方面，从而代替文物本体实现其功能价值。

北京艺术博物馆收藏的清代服饰文物种类丰富，包括袍、褂、衫、袄、坎肩、裙、裤、鞋、帽、云肩、汗巾、荷包、扇套等，这些服饰上普遍带有各种纹样图案，其形式多样，题材丰富，寓意吉祥，为数字化设计提供了充足的素材。北京艺术博物馆藏清代服饰纹样数字化设计与应用之成果"沁园春"以团花设计结合文创产品开发的方式实现服饰的数字化成果转化。

在纹样数字化提取方面，通过对馆藏清代服饰纹样的整理和归纳，将清代服饰纹样分为植物、动物、人物、景物、器物、文字及几何纹样等几大类，其中以植物纹样中的花卉样式最多，素材最为丰富，图案的可提取性也较高，因此选择了花卉纹作为数字化提取的主体内容。而清代服饰中最为经典花卉纹组织形式当属团花纹。团花纹是一种圆形的适合纹样，其以圆形轮廓为外观，内里可根据实际需要填饰各种花纹图案，形式严谨而构图自由，是中国传统装饰中应用最广泛的纹样之一。圆在中国传统文化中具有特殊的象征含义，古人认为天圆地方，以圆作为"天"的代表符号，在尊奉崇拜"天"的同时，也形成了一种"尚圆"的情结。圆形成为一种理想化的完美符号，受到人们的喜爱，汉语中各种与之相关的词汇如"团圆""圆满""圆熟"等都用来表达美好的语义。在这种思想影响下，同样具有圆形外观的团花也被赋予了吉祥的寓意，象征着圆融、和谐、完美无缺。

在纹样的数字化设计方面，北京艺术博物馆藏清代服饰纹样数字化设计与应用之成果"沁园春"选取了三件女服上形态可与团花圆形轮廓较好吻合的牡丹、玉兰、桃花、兰花等几种春季开放的花卉作为素材，进行数字化提取。此外，为丰富表现内容，使团花的视觉效果更为饱满，还从女服上提取了不同形态的蝴蝶纹样加入其中。蝴蝶的外观美丽，姿态优雅，在装饰中与花卉搭配组合在一起，称为"蝶恋花"，具有爱情美满、婚姻幸福的美好含义，应用于团花中也增加了其吉祥内涵。通过对花卉和蝴蝶纹样进行排列布局，调整彼此间的疏密间隔与错落搭配，并对局部加以变形调整，最终将所有纹样规整在圆形轮廓内，经上色后，成为一个完整的团花图案。团花纹样设计完成后，以其为元素进行了博物馆文创产品的开发，应用于各种款式的包袋装饰，从而实现服饰纹样数字化成果的转化。

图 2 成品图 "团花·沁园春"
Fig.2 Finished product drawing "Tuanhua · Qinyuan Spring"

图 3 文创应用
Fig.3 Application of cultural
creativity

图 3 文创应用
Fig.3 Application of cultural
creativity

图 4 文创应用
Fig.4 Application of cultural
creativity

袁 燕

福州大学
服装系主任

袁燕，副教授，硕士生导师，福州大学厦门工艺美术学院服装与服饰设计系副主任，中央美术学院访问学者，福州大学国家大学科教园时尚创意设计中心负责人，福建省服装与服饰产业服务型制造公共服务平台秘书长。

研究领域

海上丝绸之路中国服饰文化和传播，服装与服饰设计方向的教学。

研究课题及成果

(1) 福建省社科基金 2019 年 一般项目"中国服饰文化在海丝沿线的历史传承及当下数字传播的策略研究"。

(2) 福建省教育厅项目 2018 年项目"'一带一路'背景下中国传统文化在海丝沿线的传播与融合研究"。

(3) 国家社科基金 2015 年一般项目"海丝文化视角下的闽南'非遗'渔女服饰研究"。

(4) 福建省科技厅 2012 年重点项目"数字动漫与服装品牌传播技术"。

(5) 清华大学教育基金会 2013 年项目"福建霞浦畲族服饰及传统工艺研究"。

(6)《海上丝路之东南亚娘惹长衫的样式特征研究》，《装饰》2019 年 12 月第 4 期 (CSSCI 收录)。 独撰。

(7)《福建霞浦畲族女子西路式"凤凰髻"发式考察研究》，《艺术设计研究》2015 年 9 月第 3 期 (CSSCI 收录)。独撰。

(8)《"一带一路"视域下东南亚娘惹服饰典型样式特征研究》，《东华大学学报 (社会科学版)》2019 年 1 月。

(9)《秉持与融合——东南亚娘惹服饰典型款式及特征考析》北京服装学院会议论文，2018。

(10) 出版专著《手作皮具与皮革染色》（中国纺织出版社)

(11) 出版专著 《福建霞浦畲族服饰文化与工艺》（中国纺织出版社)

(12) 2018 年福建石狮，作品《糸糸之水》获福建省时尚设计大奖，本人并获 2018 年度福建省优秀服装设计师称号。

美美与共
——16—20世纪中国传统服饰文化海外延伸数字化呈现和再传播

袁 燕

《美美与共——16—20世纪中国传统服饰文化海外延伸数字化呈现和再传播》以实地考察结合中外文献史料研究的方法，对中国服饰在海上丝绸之路沿线的传播力、影响力进行探索，为勾勒"中国形象"增添鲜活的一笔。

海上丝绸之路繁荣的背后是数以千万计的中国海洋人，他们扬帆破浪参与并在一定时期内主导古代全球贸易。在两千多年的海上贸易中，华人华侨因各种原因散落在海上丝绸之路沿线，并落地生根，在当地形成诸多"土生华人"族群，他们承认自己的华人血统，秉持中国传统文化，其中，"娘惹"族群是最具代表性的族群之一。中国服饰承载着中国历史文化，随着华人的帆影沿海上丝绸之路"出海"，并在他乡"开花"，"娘惹"族群服饰这朵异域之"花"正是中国文化"舶出"，并在当地产生文化融合和再"外溢"的活态证明。

"娘惹"族群是东南亚众多华人族群众中的一个，是华人的次族群，后来发展成为马来人对华人的统称。在《道格拉斯闽语字典》用"娘"字。他们主要集中在新加坡、马来西亚和印尼等地，承认自己的华人身份，秉承中国传统服饰文化习俗，糅合当地马来文化和伊斯兰、西方等多元文化，形成独特的混合性文化，在全球化语境下，这是文化共生的优质范例。

图 1 短款娘惹　　　　　　　　　图 2 小娘惹形象
Fig.1 Short Nyonya　　　　　Fig.2 The little Nyonya image

1. 数字故事人物形象设计——小娘惹之日常形象

　　数字故事绘本小娘惹的日常形象采用 20 世纪 20—30 年代未婚娘惹服装样式上更为短小的娘惹"可巴雅"，通常搭配下装裹裙纱笼，着珠绣鞋。短款娘惹"可巴雅"精致、端庄、典雅，朦胧性感，又不失活泼灵动。服装整体造型短小、立体修身、左右对称，色彩鲜亮，大面积装饰刺绣镂空图案（图 1），在视觉考证的基础上完成其形象设计（图 2）。

2. 数字故事人物形象设计——小娘惹之婚礼服形象

"峇峇、娘惹"的婚礼不仅在风俗礼仪上秉承中国传统，娘惹婚礼最为隆重的服装——婚礼第一天的嫁衣，更是同样继承中国"上衣下裳"的服装形制以及中国传统嫁衣的样式造型。娘惹的婚礼服整体风格隆重华丽，配饰金光闪闪，其款式类似于中国戏曲服装，概括为：头戴凤冠云肩，上穿大襟衣衫，下着马面裙，脚穿珠绣鞋。色彩以大红色为主色配以黄色，以华丽的金线刺绣为主要装饰手段，娘惹们身居海外不受中国等级制度、皇权的约束，故婚礼服中常用牡丹、凤凰、龙等"僭越"图案纹样，图案纹样布局讲究对称。娘惹的婚礼服除了精美的头饰、服装之外，还会佩戴象征财富的各种首饰，尤喜金首饰，这与中国闽南沿海地区的婚礼中"重金"风俗也不谋而合，其设计参照作者实地考察获得视觉图像资料，完成设计（图 3—5）。

图 3 婚礼服形象参考依据
Fig.3 Wedding dress image reference basis

图 4 婚礼服形象（整体）
Fig.4 Wedding dress image (overall)

图 5 婚礼服形象（局部）
Fig.5Wedding dress image (partial)

3. 数字故事人物形象设计——小娘惹之"回娘家"礼服形象

婚礼第三天"回娘家"的礼服为精美刺绣的长衫，头戴花冠，配笼纱和珠绣鞋。长衫的色彩多为淡雅却不是喜庆的粉红色，纱笼多为大红色，面料多采用本地一种宋吉（songket）的布料，宋吉布料又称金锦缎，外观华丽亮眼，其设计参照作者实地考察获得视觉图像资料，完成设计（图6—8）。

图 7 "回娘家"礼服形象（局部）
Fig.7 Image of "Returning to the Mother's House" dress (partial)

图 6 "回娘家"礼服形象参考依据
Fig.6 The reference for the image of the dress "back to the mother's house"

图 8 "回娘家"礼服形象（整体）
Fig.8 "Back to the family" dress image (overall)

周 莉

西南大学
服装系统工程科技创新中心主任

周莉,西南大学蚕桑纺织与生物质科学学院教授,设计学硕士研究生导师。中国服装设计师协会学术委员会委员,中国服装协会中国服装版师大联盟委员,人力资源和社会保障部国家级裁判员,"一带一路"工业通信业智库联盟专家委员会成员。联合建成国内最大的未成年人人体数据库、西南首家服装虚拟仿真博物馆,联合研发珠峰登顶及南北极科考高性能服装与相关装备。主持科研项目13项,其中省部级以上项目2项,企业委托项目7项,教育教学改革项目4项;发表论文30余篇,主编规划教材1部、译著1部;制定地方标准1项,授权专利10余项;获得省部级教学成果奖2项,校级荣誉多项;指导国家级大学生创新创业项目2项,专业竞赛获奖30余项。

研究领域

服装基础理论与数字化艺术设计。

研究课题及成果

(1) 主持重庆市社会科学基金项目"重庆非物质文化遗产传承发展及市场开发研究"(项目编号 2014YBYS093)。

(2) 主持重庆市研究生教育教学改革研究项目"面向创新驱动发展战略的设计学学科人才培养模式研究与实践"(项目编号 yjg173003)。

(3) 主研教育部"中央高校基本科研业务费专项资金"创新团队项目"西南地区民族传统织造技艺数字化仿真成形技术研究"(项目编号 XDJK2014A011)。

(4) 主持项目"基于非接触式三维测量技术的人体数据采集与分析——中国西南地区"。

(5) 主持项目"基于数字孪生技术的服装服饰新媒体模型构建"。

(6) 主研项目"珠峰登顶及南北极科考高性能服装与相关装备的研发"。

铜梁龙舞非遗艺术数字化设计

周 莉

铜梁龙舞非遗数字化设计以展示铜梁龙舞传统舞蹈艺术的功能架构来进行设计呈现，以 App 为载体来实施界面设计。依次设计系统图标、用户登录界面、展开界面、系统首页、首页中的功能模块界面和系统其他分页界面等。

2006 年 05 月 20 日，重庆市申报的龙舞（铜梁龙舞）经中华人民共和国国务院批准列入"第一批国家级非物质文化遗产名录"。铜梁龙舞是代表重庆的十大文化符号之一。这项传统舞蹈非遗艺术"起于明，盛于清，繁荣于当代"，距今已有六七百年的历史。《铜梁龙舞非遗艺术数字化设计》以数字化 App 的方式，从本体铜梁龙的动作套路、表演技法和表演者着装入手，用艺术基因图像库、动态模拟仿真和服装复原三个维度进行非遗数字化采集、复原、再现。在完成作品的过程中，得到了重庆市铜梁区文化和旅游发展委员会的大力支持，并就"铜梁区非物质文化遗产数字化项目"初步达成战略合作，以期构建非遗"活"化传播，迎接传统非物质文化遗产艺术数字化新进程。

《铜梁龙舞非遗艺术数字化设计》中的服装服饰库是根据铜梁龙舞国家队的诉求，为铜梁火龙、竞技龙和大蠕龙设计的服装和眼部护具，从三个维度践行传承和发展中国传统服饰文化：首先是躬耕学术基础，在交叉学科的链接上适时提出最新的观点并立即执行；其次是着眼地域文化并深挖产学研价值，为传统文化的数据标签化及基因库的建设贡献力量；第三个方面就是从非遗数字化入手，携手专业团队打造服装全产业链与数字技术协同发展的综合服务平台，激活传统服饰的数据要素潜能，全面迎接数字时代。

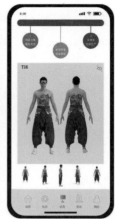

图 1 系统首页界面与功能模块设计
Fig.1 System home page and function
module design

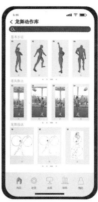

　　App 中的虚拟仿真界面与功能模块主要设计了龙舞服装分类设计、着装效果仿真模拟与实物定制生产三大板块。用户想要明确看到自己对于某款龙舞服装的着装仿真效果，首先需要在首页功能模块了解相关专业知识，选择心仪服装即可进入到着装效果仿真模拟板块。系统利用三维虚拟试衣技术、智能算法构建用户虚拟人体模型，接着通过三维虚拟制衣系统在人体模型上对龙舞服装样板进行缝制，得到初步的服装模型，再将该模型与面料仿真图片、图案单元相整合，最终输出服装仿真模型。当用户对此模型表示认可想要进行实物产出时，可以进入实物定制生产板块。将选中的龙舞服装在实物库中进行近似匹配，用户可根据系统匹配结果选择确认并量产，如若用户仍想要还原所选龙舞服装的实貌，则可进入定制生产链接，向企业生产商表达诉求并进行个性化定制生产。

以传统竞技龙（又称中型蠕龙）竞技运动员的服装设计入手，分析其设计理念和人衣空间关系。

　　如图 2 所示，服装结合运动员舞龙时的运动特点，设计为单袖交衽的形式。在保留汉服传统廓形的基础上增加运动舒适功能，且腰部为松紧装饰带。中筒鞋呼应腰带采用绑带装饰，将裤腿固定方便运动员套路中跳跃的动作，减少裤腿羁绊造成的阻碍。服装色彩提取于传统蠕龙的彩绘纹样，撞色对比鲜明且能够与"龙"色调近似或和谐互补，传承中国民俗文化的风格的同时结合当代国潮文化优化色彩纯度，改变人们对民俗表演的印象。

　　纹样提取于龙模型的外形，加入自然元素，力求营造龙朝气蓬勃、翻云覆雨、上天入海的气势，表现长久以来中华劳动人民的生活智慧以及对美好生活的祝愿。面料可采用棉加丝，利用其吸湿透汗的特性帮助运动员在高消耗的舞龙过程中保持干爽舒适。台步、矮步和马步 3 个动作中，台步的手臂舒展最大，利用露半臂和开放式袖口完全满足运动量，且大多数举把动作为右臂在上左臂在下，不仅能保持左臂图案完整美观，整体的服装保型性也较高；矮步动作中臀部的变化量最大，辅以长至大腿围的宽松衣摆，遮挡臀部的变化又不阻碍运动；马步的腿部舒展最大，棉加丝宽松设计结实耐穿且光洁美观。

图 2 传统大蠕龙服装
Fig.2 Traditional Big-Dragon
Costume

款式1　　　　　　　　　款式2

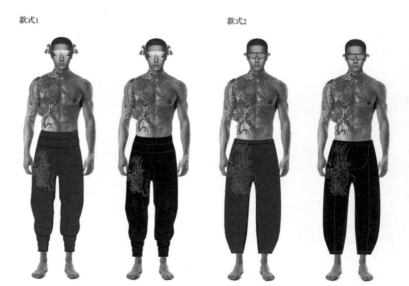

图 3 传统火龙服装
Fig.3 Traditional Fire-
Dragon Costume

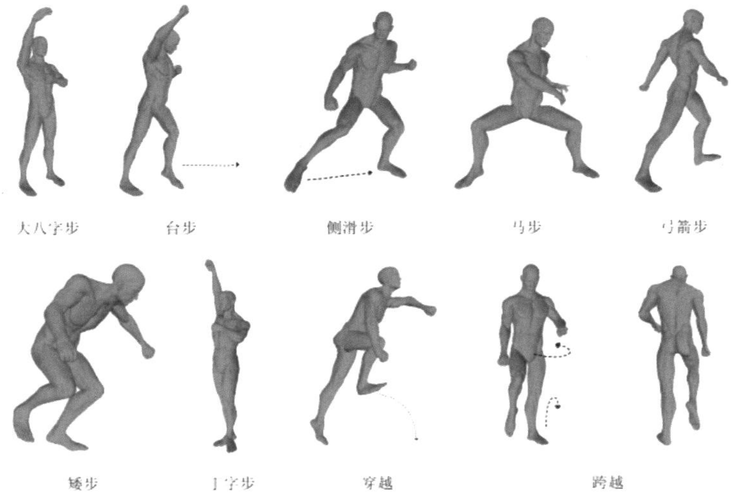

图 4 基本步法
Fig.4 Basic Footwork

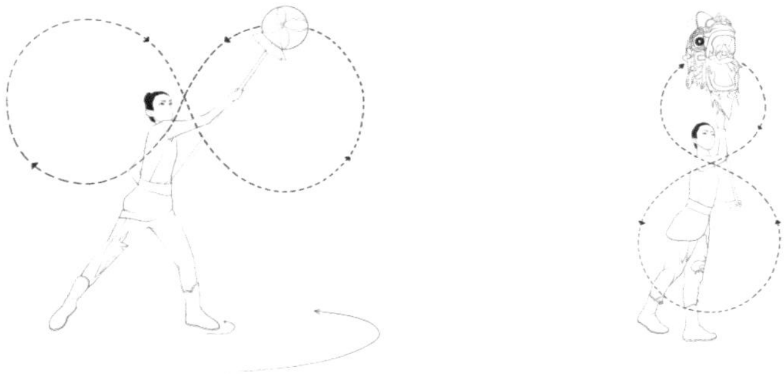

大八字步　　　台步　　　　侧滑步　　　　弓步　　　　弓箭步

矮步　　　丁字步　　　穿越　　　　跨越

图 5 龙舞技法
Fig.5 Dragon Dance

款式一　　　　　　　配色一

款式二　　　　　　　配色二

图 6 传统竞技龙服装
Fig.6 Traditional Competitive
-Dragon Costume

于晓洋

北京服装学院
教师

于晓洋，北京服装学院教师，北京服装学院博士生在读。曾就读于美国萨凡纳艺术设计学院 (Savannah College of Art and Design) 影视特效专业，2017—2019 年工作于好莱坞影视特效公司 Ingenuity Studios 和 Ayzenberg Group 公司，担任 3D 设计师。目前工作于北京服装学院，担任艺术设计学院动画专业教师，讲授三维影视、动画制作、虚拟服装制作相关的课程，如《三维软件应用》《计算机图形艺术理论与应用》《三维动画 3》《数字生活方式 4》《虚拟角色设计与表现》等。

研究领域

虚拟制作、数字服装、影视特效。

研究课题及成果

（1）2019 年参与国家虚拟仿真实验教学项目"动画前沿应用：虚拟时尚模特创建实验开放平台"。

（2）参与北京服装学院、北京理工大学与阿里巴巴合作课题《塔玑》，担任执行负责人。

（3）参与研发北京服装学院 AI 智能教师。

（4）参与太湖雪合作课题《震泽蚕猫》。

《牡丹亭》新媒体创新设计与戏服数字化

于晓洋

　　服装是历史文化的载体，是文化在大众生活中的外在表现。对于传统服饰的传承与保护不仅仅在于对服饰本身的数字化的复原，还在于如何将自身对服饰背后文化的理解表达出来。在"后疫情"时代，数字信息技术的高速发展推动着服装产业迈向数字化的进程。在数字化时代下，传统文化的传承还应思考如何适应现代人的审美、生活方式、消费心理、媒介传播途径等。因此，《〈牡丹亭〉新媒体创新设计与戏服数字化》主要采用影视制作的基本流程，希望能以现代化的创新时尚设计视角将中国传统服饰再次带入大众视线，融入人们的日常生活中，并塑造可持续的服饰文化体系。将传统服饰重新解构并融入虚拟时尚的元素，以数字化方式对服饰文化进行传播与传承，传统服饰文化的研究需要在历史研究的基础上注入新的想法、实践与力量。

　　昆曲《牡丹亭》是中国四大古典戏剧之一，该剧描写了官家千金杜丽娘对梦中书生柳梦梅倾心相爱，伤情而死，化为魂魄寻找爱人，人鬼相恋，最后起死回生，终于与柳梦梅永结同心的故事。本课题根据该故事对杜丽娘传统服饰进行了还原与遐想，探索了在后人类时代的背景下，当数字空间成为人类的延伸之后的无限想象。

　　束缚与反抗：传统《牡丹亭》中杜丽娘受到封建礼教的压迫，郁郁而亡，最后得柳梦梅相认获救。而在新编的故事中，杜丽娘作为一个爱情的追逐者，勇敢反抗世界的陈规与局限，最后依靠自己的努力收获爱情。在此基础上，两版服装设计分别突出文本所呈现的时代精神与文化主题，展现了新与旧的时空对话。

　　简约与复杂：依托于不同的故事文本，两版服装设计在造型元素和色彩表现层面都呈现出不同的特点。原版服装数字化以还原为主，主要表现传统昆曲服饰的大方与自然。而新版《牡丹亭》的服装设计则主要通过参数化的风格表现主人公所处的数字虚拟环境，通过拼接风格展现后人类主义下人类对于主体性的疑问与反思。

1. 使用工具 Marvelous Designer 进行服装建模

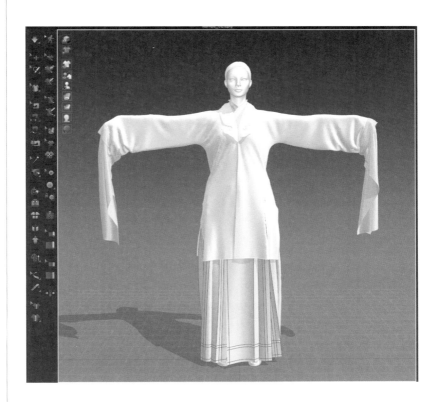

2. 使用软件 Substance Painter 进行贴图绘制与渲染

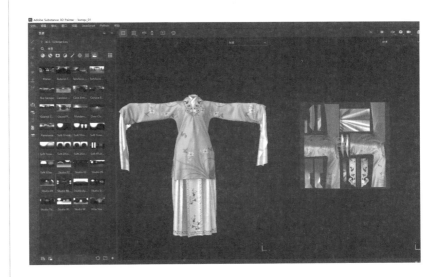

3. 使用 Maya 进行灯光材质及渲染

方 晴

深圳市善思品牌设计有限公司
设计合伙人 博士

方晴，深圳市善思品牌设计有限公司，设计合伙人。 2012 年起在高校工作，主要教授演示动画、故事版、新媒体设计基础、品牌设计等课程。 后自觉对个人能力仍需更多锻炼、市场经验需要积累，自 2016 年起正式加入善思品牌设计有限公司担任合伙人。善思品牌设计前身DUCM(德国汉堡设计与交流传媒有限公司），主创成员回国后创立善思设计团队。秉承创意和技术并进的中德文化精神，先后为政府机关、企事业单位、慈善机构等社会组织塑造了优秀的品牌形象。致力于品牌策略、设计与传播，通过平面、空间、动态、展览、装置等多维展现其品牌理念与实力。曾参与多个中国传统文化项目，以创新思维，艺术化呈现传统文化，在学术与大众间担当转译者。在时尚、艺术与科技、服装服饰、可持续等领域不断探索和实践，以设计、艺术、生活方式为"传统的未来"链接无限可能。

研究领域

新媒体艺术、品牌策略、艺术设计与传播。

明代传统服饰美育产品数字化设计

方 晴

　　我国古代传统服饰是中华民族传统文化的重要组成部分，反映了当时的社会生活、精神追求与审美趣味。明代服饰复兴汉制，传承经典且应时代要求创新发展。《明代传统服饰美育产品数字化设计》选取中国传统绘画中的明朝服饰为素材，引导参与者从场景化的角度理解传统服饰，特别是礼仪场合，服饰更具内涵和寓意。在产品的体验上，运用线下实体的材料制作小汉服，结合线上的 App，以 AR 技术的应用等方式拓展手作体验的维度，呈现明代汉服的形制、明朝生活方式、礼仪规范、画作背景故事等中国历史文化知识，赋予产品体验更多可读性、互动性。力图让美育不只是停留在手工或制作技法上，更是从情感和想象力中激发兴趣，探索传统服饰文化之美，培养属于中华民族独特的审美素养。

　　《明代传统服饰美育产品数字化设计》以明代服饰系列马面裙、道袍为例，初探设计呈现。马面裙选自《明宪宗元宵行乐图》中的仕女服饰，道袍选自《森琅公少年自画小照》中的少年。《明宪宗元宵行乐图》，是皇宫中举办元宵佳节庆祝活动的情景再现。画作中涉及观灯、看戏、放爆竹等传统节日中的行乐方式，我们提取其中的仕女服饰进行了解和制作。马面裙是明代女性重要的下装，在近期的社会热点中，"法国迪奥抄袭马面裙的事件"引发大规模讨论，使大众关注到我们自身服饰文化的价值。

　　道袍是明代晚期最具代表性的文人服饰之一，上至皇帝，下及庶民，都喜欢穿着。且道袍对韩国的传统服饰影响深远。以《森琅公少年自画小照》作为服饰的叙事背景，可见画中少年右手倚桌，盘腿而坐，书本置于膝上，道袍呈蓝色，长至脚踝，搭配红色鞋子，是当时的男性风尚。

图 1 《明宪宗元宵行乐图》（局部）明 佚名，现藏于中国国家博物馆
Fig.1 Ming Xianzong's lantern festival" (partial), Ming, Unknown, now in the National Museum of China

图 2 马面裙形制示意图
Fig.2 Diagram of horse face skirt shape

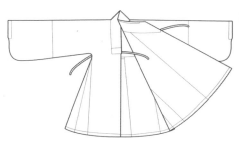

图 3 道袍形制示意图
Fig.3 Taoist robe shape diagram

图 4 《森琅公少年自画小照》明 梁元柱，现收藏于顺德区博物馆
Fig.4 A small Photo Of A Young Man Painted By Lord Senlang", Liang Yuanzhu, Now in the Shunde District Museum

　　《明代传统服饰美育产品数字化设计》联合青少年服装设计师培育机构，结合艺术展览中美育环节开展用户测试工作，得到了小汉服制作项目的现场反馈。参与者是五到十岁的小朋友或小朋友及其家长。在调研中，中国传统服饰的体验受到了大家的欢迎，其中与科技手段相结合的产品使体验和知识的传播更便利，也更受青少年的认可。但在马面裙和道袍的制作过程中，对于年龄小的参与者有一定的实操难度；在制作成果展示和项目传播方面还可以再进行优化；不少参与者希望产品有连续性，可以体验和收集到一系列的小汉服主题产品。

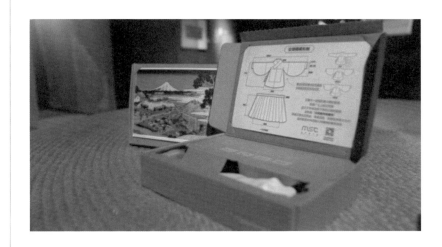

数字化为传统服饰文化的传播和普及提供了更多的可能，通过与当下生活链接、与数字化技术结合，以更多年轻的、充满时代感的创新方式解读传统，连接过去和现在。《明代传统服饰美育产品数字化设计》设计的 App 取名为《我的米尺》，希望以服饰文化为"刻度"，让使用者在不断探索中，丈量美好世界。用户预设：80% 为 5—12 岁的少年儿童，其他对服饰感兴趣的人群占 20%。在产品设计环节，我们将关注以下几点：第一，我国传统服饰与现代服饰相差甚远，需要拉近跟用户之间的距离，做到在没有汉服基础知识的情况下仍然易于理解，引发其兴趣；第二，传播和互动环节如何设置，可以使更多人加入；第三，中西方文化的对比让人印象更为深刻，中西方服饰的对比反映出的社会文化生活不同，可以加深我们对自身文化的理解；第四，数字技术使产品可持续迭代输出，为增添新内容和提升体验感留下更多操作空间。

图 7 产品结构设计图
Fig.7 Product structure design drawing

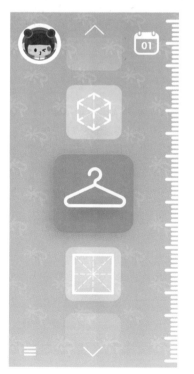

图 8 主要功能选择界面
Fig.8 Main function selection interface

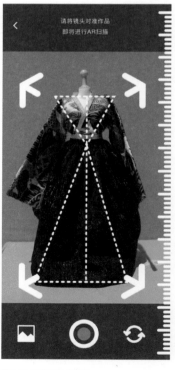

图 9 AR 扫描界面（模拟）
Fig.9 AR scan interface (simulation)

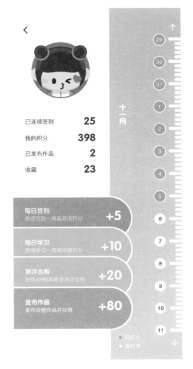

图 10 用户数据界面
Fig.10 User data interface

图 11 服饰小百科
Fig.11 A clothing encyclopedia

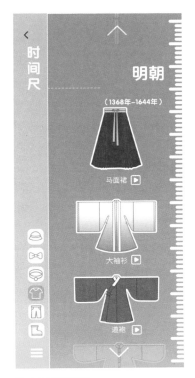

图 12 各朝代服饰列表
Fig.12 List of costumes by dynasties

图 13 服饰小游戏
Fig.13 Costume games

张梦月

南京博奥文化科技有限公司
项目管理与执行

张梦月，南京博奥文化科技有限公司项目管理与执行。参与的"ZHI 艺：非物质文化遗产虚拟展示平台"入选 2019 年度 DESIGN POWER 100 榜单、获 2020 中国公益慈善项目大赛百强证书、获首届南京市公共文化"星辰奖"。

研究领域

服饰数字化、非遗数字化平台建设、织物大数据分析、非遗公共传播和教育等领域的研究。

研究课题及成果

(1) "织物考古影像数字化项目"(2020，与中国社会科学院考古研究所合作)。

(2) 南京大学文科青年跨学科团队专项资助项目"基于数字人文的中国传统色彩知识体系研究"项目 (2019— 2021)。

(3) 南京市艺术基金资助项目"ZHI 艺：非物质文化遗产虚拟展示平台"。

(4)《中国非遗传统纹样数据库》(2020，与上海起承文化发展有限公司合作)。

(5) 非遗公共传播和教育，如以云锦色彩和纹样为中心的"锦色"(2018，与江南丝绸文化博物馆合作)。

(6) "天降 RE 兽"快闪 (2020，与南京市文化馆合作)。

(7) "锦绣"双城展览 (2021，与南京大学图书馆合作)。

(8) "夏日浸染"课程 (与良竺艺术农场合作)。

(9) "养老 + 非物质文化遗产进社区"课程 (与普斯康健养老社区合作)。

(10) "遇见南小创——植物扎染"课程 (与南京大学合作)。

(11) "非遗手工艺数字化体验"课程 (与田家炳中学合作)。

(12) The Experimental Restoration of the Colour of Nanjing Brocade from China (第二作者，即将发表于 *SCIRES-IT*)。

(13) Simple but Beautiful: A Case Study on the ZHI Project of Traditional Craftsmanship (团队创作，发表于 *Digital Humanities Quarterly* 2022 年第 16 卷第 2 期，被 A&HIC 收录)。

明代服饰
微观世界的
数字化展示

张梦月

明代致力于恢复华夏衣冠，其服饰礼制承续周汉唐宋。后虽经明清易代，朝代鼎革，服饰礼制历经改弦更张，而犹见其余绪。《明代服饰微观世界的数字化展示》运用数字化手段从衣冠天成、织彩成文、岁时节令三个主题铺陈讲述明代服饰的微观世界，探索其所承载的礼制风俗与生活观念。每个部分选取一个小案例，根据其内容的特点设计展示形式和交互方式。整体视觉设计选取红、黄、青三色，意与传统五正色中的赤、黄、青三色呼应。

"衣冠天成"以孔子博物馆藏明代衍圣公（明代世封衍圣公为正二品官员，待遇多与一品、公侯相同）的赤罗衣为例，展示了袖、袂(mèi)、祛、襟、衽、缘、系、裻(dū)8 个部位的位置、典故及文化寓意。重点参照了《中国衣冠服饰大辞典》《中国古代礼俗辞典》等工具书。

"织彩成文"展示的五枚金妆花缎参照了补子的局部结构。此补名为"红地孔雀羽方龙补织金妆花缎"，出自明定陵考古出土的万历皇帝唯一一件带补子的龙袍。缎，即古代的纻丝，古代丝织品五大组织结构的一种。

"岁时节令"的服饰体现了古人对生活的认知。明代岁时节令的服饰纹样通过数字、谐音等表达吉祥寓意，开启清代"图必有意、纹必吉祥"的先河。正旦、上巳、端午、七夕、重阳，取一、五、七、九等数在奇阳立节，元宵、中秋取十五之数在望日立节。补子纹样也经常成双成对，寓意圆满。

1.《衣冠天成》

图 1 前端展示效果图
Fig.1 Front-end
display effect

　　《礼记·玉藻》:"孔子曰,朝服而朝。"朝服原型为周代朝、祭功能合一的冕服,为公侯伯以下官员所穿。明代致力恢复华夏衣冠,继承周、汉、唐、宋的服饰制度,规定朝服礼制,并数次修改其礼制。《明史·舆服志》载:洪武二十六年定,凡大祀、庆成、正旦、冬至、圣节及颁诏、开读、进表、传制,俱用梁冠,赤罗衣,白纱中单,青饰领缘,赤罗裳,青缘,赤罗蔽膝,大带赤、白二色绢,革带,佩绶,白袜黑履。嘉靖八年,更定朝服之制。梁冠如旧式,上衣赤罗青缘,长过腰指七寸,毋掩下裳。中单白纱青缘。服饰的结构也有着不同的含义。

　　"衣冠天成"的展示以红色为背景,导视图标选取了明代衍圣公玉佩上的云纹,从主页面可以跳转到对赤罗衣整个背景的介绍,在界面右侧通过滑动鼠标选择云纹导视的不同服饰结构,从而跳出其部位框选图和文字释义。以传统竞技龙(又称中型蠕龙)竞技运动员的服装设计入手,分析其设计理念和人衣空间关系。

2.《织彩成文》

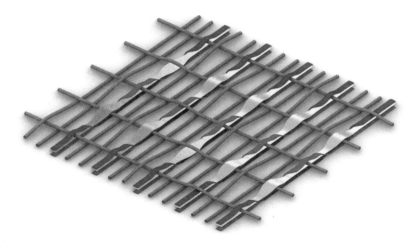

"织彩成文"展示的五枚金妆花缎 3D 模型，参照"红地孔雀羽方龙补织金妆花缎"补子的局部结构，模型使用 RHINO 软件制作。模型通过 1 个经向循环单位，1 个纬向循环单位，模拟了局部图的织物交织变化。

首先，从采集的高清图片中选取织物纹样色彩细节丰富的局部。妆花织物为重纬结构，分为地部组织和花部组织两个结构。花部是在地部组织基础上，根据图案的需要局部织入纹纬以实现纬色显花。显花结构的纹纬浮线很长，形成的交织点间距离规律而均匀。

其次，对织物的局部结构进行分析。五枚金妆花缎的纬向以 10 根地纬和 5 根纹纬为一个基本单位，经向以 5 根经线为一个循环。取样局部，可见纹纬有金线和绿绒线、蓝绒线，结合挖花盘织法和通跑彩纬法两种方法织入。在不同的显花部位，三种线上下交叠方式即时变换。

再次，进行局部模型绘制。基于织物的结构、色彩变化规律，考虑到 3D 展示效果的可视性，纹纬、地纬、经线的颜色基本延续织物本身色彩，线的粗细比例在实际比例上有所夸张，线之间的间距均调大。此外，纹纬本应为经向 12 个循环单位、纬向 15 个循环单位的显花变化规律，"织彩成文"中的模型均在经向 1 个循环单位、纬向 1 个循环单位的基础上概念性进行模拟。

最后，总结织物材质及工艺流程。"红地孔雀羽方龙补织金妆花缎"纹纬主要由彩绒、金线和孔雀羽构成。其中，彩绒主要由红色、绿色、青色、蓝色、白色等色系构成。"织彩成文"以图文方式展示了南京传统真金线制作技艺工序，包括打纸、做胶、背金、担金、熏金、矸金、切金、做芯线、搓线、摇线等多道工序的工具和工艺步骤。

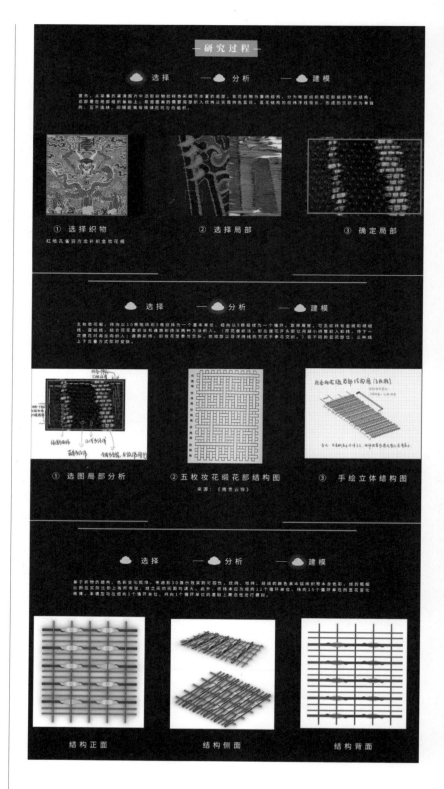

图 3 研究过程
Fig.3 Research Process

3.《岁时节令》

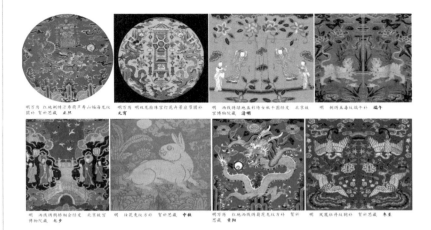

图 4 服饰纹样
Fig.4 Costume Patterns

明万历 红地刺绣卍寿葫芦万寿山福海龙纹
圆补 贺祈思藏 **正旦**　明万历 明双龙捧珠宫灯花卉景应节圆补
元宵　两线绣缂地五彩绣女秋千圆绶定 北京故
宫博物院藏 **清明**　明 刺绣五毒纹端午补 **端午**

明 两线绣鹊桥相会绶定 北京故宫
博物院藏 **七夕**　明 玟花兔纹方补 贺祈思藏 **中秋**　明万历 红地两线绣菊花龙纹方补 贺祈
思藏 **重阳**　明 凤凰牡丹纹锦补 贺祈思藏 **冬至**

图 5 展示效果示意
Fig.5 Display effect schematic

　　"岁时节令"部分展现了明代中后期宫廷正旦、元宵、清明、端午、
七夕、中秋、重阳、冬至等八个岁时节令的主题纹样，取自补子、绣片、
服饰、袍料等的图案。设计灵感来自体现古人时间概念的日晷和授时历。
底图参照日晷和服饰面料的质感，文字部分则保留了授时历中关于月令
与地支、天象的内容。明代刘若愚《酌中志》的"饮食好尚记略""内臣
佩服纪略"与文震亨《长物志》的"悬画月令"等文献均对明代岁时节
令的生活风俗有所描写。

后记
Postscript

　　近年来，国家十分重视数字化领域的发展，数字化技术为传统服饰文化开辟了广阔的发展道路，带来了新的表现形式和传播形态。在国家文化数字战略背景下，"中国传统服饰艺术数字化人才培养"项目顺利立项和实施，该项目是一次探讨中国传统服饰艺术与数字化技术的难得机会，对于推进我国传统服饰文化的传承与创新工作、推动服饰文化传承与数字化创新能力的高层次人才培养、推动传统服饰文化数字化教育体系建构具有重要意义。

　　中华服饰的研究从理论到设计都有深厚的理论体系和内容构架，值得从数字化的角度不断地挖掘和深化。数字化技术一方面可对服饰文物的信息数据进行全面完整的采集，进而构建系统化的数据库对服饰文物信息进行有效收录和保存，便于根据研究、展示、文创开发等使用需求反复调取，代替实物实现其文化和功能价值；另一方面，传统服饰的数字化在展示和传播方面有巨大优势。利用多样化的数字技术，可完整复原传统服饰原貌、穿用方式乃至穿着者的活动场景，强化展览互动性和参与感，以直观生动的视觉形式深化公众对传统服饰文化的认知和理解，并且能突破时间与空间的限制，实现服饰文物信息资源的共享，使传统服饰文化得到更大范围的传播。

作为该项目的第二负责人，我有幸全程参与了项目的集中授课、学术研讨、学术调研等环节，在与项目团队的各位老师、20 位学员及工作人员的相处中，被大家对传统服饰文化数字化的热忱与奉献精神深深打动。培训时间虽短，但我相信通过本项目的理论学习和实践创作，学员们对中国传统服饰数字化的认知将更为深入，进而应用到日后的教学、工作之中，学有所成、学以致用，为我国传统服饰文化的数字化传承与创新做出更多的努力和贡献。

本成果书籍呈现的是教师授课内容与学员集中培训学习的优秀成果，反映了老师和学员对传统服饰文化数字化的理解感悟、对传统文化的尊重和勇于创新实践的精神风貌，同时也是对中华优秀传统文化成果进行转化的一种创新性发展，是丰富传统文化基因的当代表达。对于更好地构筑中国价值和中国力量、推进国家数字文化战略、提高国家文化软实力具有重要意义。希望该书籍的编辑和出版能为读者和作者提供进一步交流学习的机会，为传统服饰数字化的发展增添力量。

丁肇辰

2022 年 12 月 12 日